新疆特色的轨道交通类专业教学体系研究课题成果

电气化铁道技术专业
培养方案及教学标准

主　编　夏瑞花　段明社

副主编　秦文斌　宁　磊

主　审　黄　超［中煤科工武汉设计院］
　　　　罗江红［新疆交通职业技术学院］

人民交通出版社股份有限公司
China Communications Press Co.,Ltd.

内 容 提 要

本书包括七部分内容:第一部分为专业人才培养方案;第二部分为机电平台课程标准;第三部分为控制平台课程标准;第四部分为专业基础平台课程标准;第五部分为核心平台课程标准;第六部分为专业拓展平台课程标准;第七部分为综合实践平台课程标准。课程标准共28门。

本书突出职业教育特色,重点培养学生岗位技能,融合德育贯穿全过程,可用于指导高等职业院校电气化铁道技术专业人才培养方案的设计与课程开发,并可作为专业教材编写的重要依据。

图书在版编目(CIP)数据

电气化铁道技术专业培养方案及教学标准 / 夏瑞花,段明社主编. —北京:人民交通出版社股份有限公司,2016.8

新疆特色的轨道交通类专业教学体系研究课题成果

ISBN 978-7-114-13215-5

Ⅰ.①电… Ⅱ.①夏… ②段… Ⅲ.①电气化铁道—职业教育—教学参考资料 Ⅳ.①U22-41

中国版本图书馆CIP数据核字(2016)第168299号

新疆特色的轨道交通类专业教学体系研究课题成果

Dianqihua Tiedao Jishu Zhuanye Peiyang Fang'an ji Jiaoxue Biaozhun

书　　名: 电气化铁道技术专业培养方案及教学标准

著 作 者: 夏瑞花　段明社

责任编辑: 司昌静　薛　民

出版发行: 人民交通出版社股份有限公司

地　　址: (100011)北京市朝阳区安定门外外馆斜街3号

网　　址: http://www.ccpress.com.cn

销售电话: (010)59757973

总 经 销: 人民交通出版社股份有限公司发行部

经　　销: 各地新华书店

印　　刷: 中石油彩色印刷有限责任公司

开　　本: 787×1092　1/16

印　　张: 12

字　　数: 290千

版　　次: 2016年8月　第1版

印　　次: 2016年8月　第1次印刷

书　　号: ISBN 978-7-114-13215-5

定　　价: 120.00元

序

2011 年 11 月 26 日，乌鲁木齐地铁正式得到国家发展改革委的批复，乌鲁木齐市步入轨道交通时代，掀开了地铁建设的热潮。为了适应市场需求，新疆交通职业技术学院于 2008 年申报开办电气化铁道技术专业，经过多年努力，形成了集轨道交通工程、机电、信号、运营为一体的技能型人才培养格局，与乌鲁木齐城市轨道集团有限公司签订订单培养 300 多人，在各地铁路部门就业 200 余人，轨道交通人才培养呈现良好的发展态势。

新专业的开办面临的是人才培养方案的修订、师资队伍的培养、实验实训条件的建设等一系列专业建设问题。为解决好这些问题，本人带领轨道交通专业教学团队，向新疆维吾尔自治区交通运输厅申报了《新疆特色的轨道交通类专业教学体系研究》科技重点课题，在自治区交通运输厅的大力支持下，于 2013 年 7 月正式开展相关研究。研究团队先后前往北京地铁、南京地铁、广州地铁等企业进行调研，在广东交通职业技术学院、北京交通运输职业学院、南京铁道职业技术学院等兄弟院校进行了人才培养方案论证和师资培养交流，进而形成了专业人才培养方案和课程标准，以期指导专业建设，同时形成了《轨道交通信号系统维护》等部分特色教材，用于相关专业的教学。现将相关成果进行集中出版，以期能够在更广的范围内获得应用，更是启发后续相关专业建设的关键。

课题研究得到了乌鲁木齐城市轨道集团有限公司的大力支持以及相关企业和兄弟院校的帮助，在此表示诚挚感谢。南京铁道职业技术学院林瑜筠教授，北京交通大学毛宝华教授，广东交通职业技术学院王劲松教授、吴晶教授、黎新华教授，乌鲁木齐城市轨道集团有限公司的徐平、邓超等专家给予了指导和支持，人民交通出版社股份有限公司相关编辑、课题团队成员为系列成果出版做了大量工作，在此一并致谢。

段向社

二〇一六年五月

前　言

新疆交通职业技术学院电气化铁道技术专业开办于2010年，专业设置初期是和新疆哈密铁路技工学校联合培养，2012年起由学院独立培养。电气化铁道技术专业的建设是在新疆交通运输厅科技重点课题——新疆特色的轨道交通类专业教学体系研究的基础上，专业建设团队不断深入南京地铁、广州地铁、北京地铁、深圳地铁等企业一线调研，同时前往南京铁道职业技术学院、北京交通运输职业学院等兄弟院校交流合作，形成了基于工作过程的专业课程体系，并根据乌鲁木齐城市轨道集团有限公司订单需求和铁路局人才培养需求编写而成。

本书包括七部分内容：第一部分为专业人才培养方案；第二部分为机电平台课程标准；第三部分为控制平台课程标准；第四部分为专业基础平台课程标准；第五部分为核心平台课程标准；第六部分为专业拓展平台课程标准；第七部分为综合实践平台课程标准。课程标准共28门。其中，杨永春、陈建萍、陈涛、魏娜、路翀等教师参与编写机电平台课程标准，夏瑞花、秦文斌、宁磊等教师参与编写专业基础课程和核心课程标准，阿斯耶姆·肖开提、张福庆、魏娜等教师参与编写综合实践平台课程标准。本书编写过程中得到乌鲁木齐城市轨道集团有限公司、南京铁道职业技术学院等单位技术专家的指导和帮助。

本书突出职业教育特色，重点培养学生岗位技能，德育贯穿全过程，可用于指导高等职业院校电气化铁道技术专业人才培养方案的设计与课程开发，并可作为专业教材编写的重要依据。

由于编者水平有限，书中难免有不足之处，敬请读者批评指正。

作　者

二〇一六年五月

目　　录

第一部分　专业人才培养方案

第二部分　机电平台课程标准

第三部分　控制平台课程标准

第四部分　专业基础平台课程标准

第五部分　核心平台课程标准

第六部分　专业拓展平台课程标准

第七部分　综合实践平台课程标准

第一部分

专业人才培养方案

专业人才培养方案说明

本培养方案根据新疆交通职业技术学院实际，参考借鉴相关铁路院校的人才培养方案综合制订。随着我院实验、实训条件的不断完善，师资队伍建设的不断成熟，该培养方案在后续的办学中将不断完善。

电力牵引具有节能、环保、高效等诸多优越性，被国家确定为轨道交通牵引动力的技术发展方向。我国从 1961 年建成宝（鸡）成（都）第一条电气化铁路开始，至 2015 年国家“十二五”计划结束时止，全国电气化铁路总里程 3.11 万 km，到 2020 年，全国铁路营业里程将超过 10 万 km，其中复线率和电气化率均达到 50% 以上，高速电气化铁路将超过 1.2 万 km。

本培养方案是在 2014 年人才培养方案经过 1 年实践的基础上，根据新疆交通职业技术学院新的人才培养方案的要求，进行改革和修订，具体修订内容如下：

（1）对公共平台课程进行整理，将心理健康等课程以选修课、活动课的形式开展，丰富授课的形式，提升课程目标的实现度。

（2）将课程进程表作了较大的改动，设置了如下平台：

①控制平台；

②专业基础平台；

③机电平台；

④核心平台；

⑤拓展平台；

⑥综合实训平台。

（3）在 2015 级人才培养方案中，新增了避障机器人设计与制作、轨道交通客运组织和液压与气动基础这些项目。

2015 级人才培养方案在后续 1 年实践中可能还有待进一步完善，在今后的教学过程中，我们将进一步结合企业对人才培养的需求，继续修订和完善电气化铁道技术专业人才培养方案。

专业人才培养方案(2015 级)

一、专业名称

专业名称:电气化铁道技术
专业代码:502320

二、教育类型及学历层次

教育类型:高等职业教育
学历层次:大专

三、招生对象、学制与毕业要求

(一)招生对象
高中毕业生或同等学力者。
(二)学制
全日制三年。
(三)毕业要求
1. 课程考试(核)要求
在规定年限内,修完规定的必修课程和选修课程,各科考核成绩合格。
2. 计算机能力要求
获得全国高等学校非计算机专业学生计算机联合考试(简称高校等考 CCT)证书或全国计算机等级考试(简称 NCRE)证书。
3. 外(汉)语能力要求
获取高等学校英语应用能力考试(简称 PRETCO) B 级证书。
4. 职业资格证书
获取接触网工中级证(人力资源和社会保障部)、变电工中级证(人力资源和社会保障部)和维修电工中级证(人力资源和社会保障部)其中一种以上等级证书。

四、职业目标(表 1-1)

电气化铁道技术专业职业目标　　表 1-1

服务领域	电气化铁路、城市轨道交通行业
主要就业去向	铁路供电段;地铁、轻轨公司;自动化公司;地方电网
主要就业岗位	接触网设备运行、检修及施工——接触网工;变配电所值班人员、变配电设备检修人员——变电工;电气设备运行与维护——维修电工

续上表

服务领域	电气化铁路、城市轨道交通行业
人才培养目标	面向新疆地区的轨道交通行业，培养从事电气化铁道及城市轨道交通供电专业方面的维护和维修第一线的高素质技能型人才
业务规格	掌握电气化铁道技术系统理论知识，具备接触网运行检修与施工、变电所运行检修、电气设备检修及供电系统调度能力，能熟练操作计算机，具有较强的学习能力、综合实践能力和良好的职业素养，适应行业与区域经济发展需要的高素质技能型人才。毕业生能胜任维修电工、接触网工和变电工等工作岗位
等级工证	"维修电工(中级)证"、"中级接触网工证"和"中级变配电工证"(三选一)

五、职业能力

(一)岗位描述

电气化铁道技术人员的主要工作包括牵引变电所的值守、接触网的运行与维护和电气设备的检修和维护。本专业学生通过3年文化课及专业课学习以及变电所设备维护与检修、牵引变电所故障处理、变压器及电动机接线和接触网施工及检修等基本技能训练，使学生具有较强的理论基础和操作电力设备的能力。本专业毕业生可以到铁路供电中心、电气化工程局、电业局、工矿企业变电所和城市轨道交通等单位，从事电力技术管理与运行维护岗位的工作。岗位描述如图1-1所示。

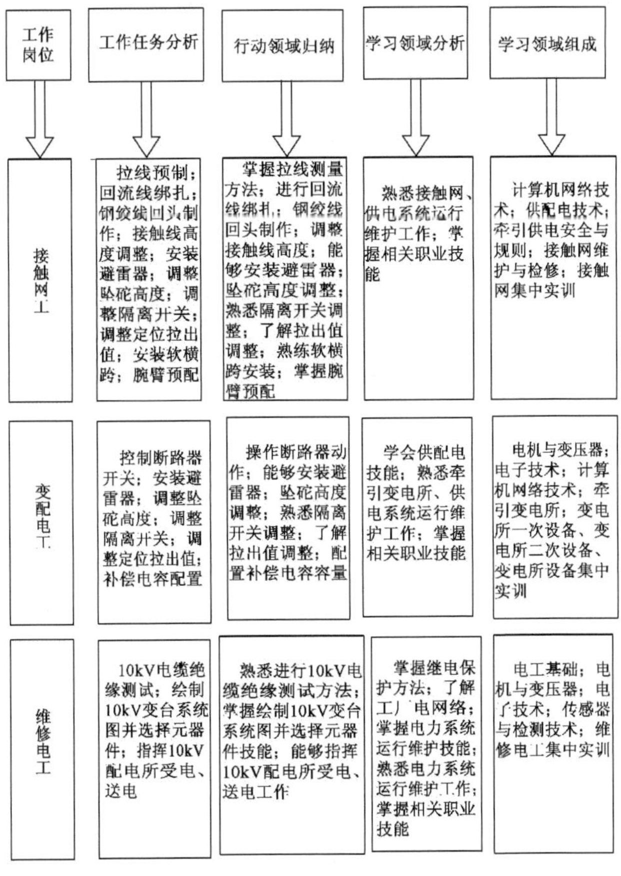

图1-1　岗位描述一览

(二)典型工作任务及其工作过程

典型工作任务及其工作过程如图1-2所示。

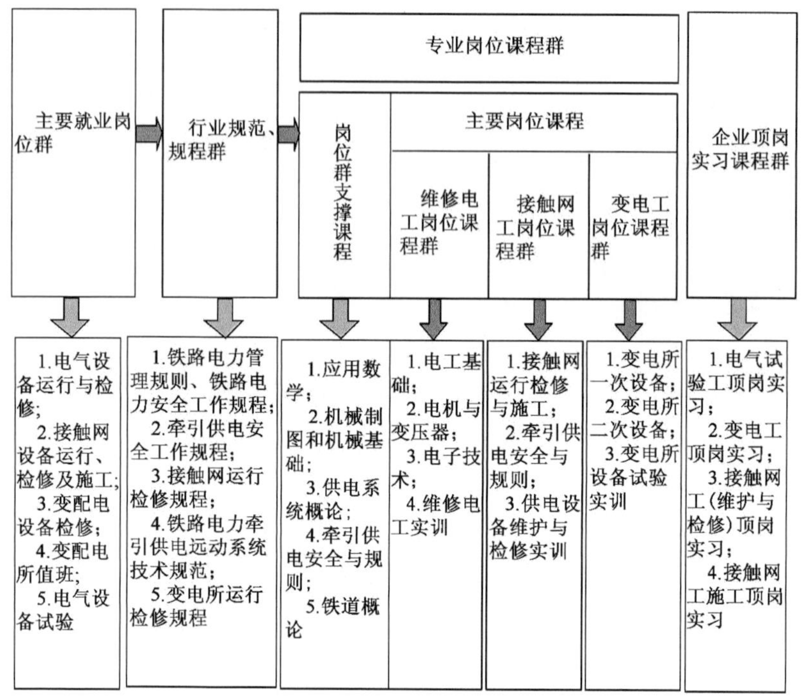

图1-2 典型工作任务及工作过程

课程体系的核心是基于主要就业岗位改革专业岗位核心课程,以"课程设置与职业岗位能力培养对接,课程标准与职业资格标准对接,实践教学与职业技能培养对接"为思路,通过对职业岗位(群)工作任务和任职能力要求的分析,将行业规范(程)纳入课程内容,将职业资格标准融入课程标准,使专业岗位核心课程与职业岗位对接,充分体现课程的开放性、实践性与职业性。

(三)能力与素质总体要求

(1)热爱祖国,遵纪守法,身体健康,具有良好的思想品德、社会公德和职业道德。

(2)掌握扎实的自然科学基础知识,具有较好的人文社会科学、管理科学基础知识,并能够在本专业学习中熟练地应用。

(3)系统掌握本专业必需的基础知识、基本理论和对应工种岗位要求,熟练掌握铁道供电系统的组成、电力设备的构造、工作原理及检修工艺,具有扎实的专业理论基础功底。

(4)具有本专业必需的识图、计算机办公、电力设备的运行与维护、检修和常见故障处理等基本技能。

(5)具有较强的学习能力、工作能力、思维能力、创新能力和适应社会的能力。

(6)获得人力资源和社会保障部颁发的本专业相关工种等级工证书。

(7)获得相应的英语能力等级证书。

六、专业培养目标

本专业主要培养适应国家经济建设、科技进步和电气化铁道技术发展需要，德、智、体、美全面发展，面向轨道交通行业，培养具有扎实的电气化铁道供电基本知识和较高专业技能的高等职业技术应用型人才。本专业毕业生有较好的专业理论功底和较强的实际工作能力，适合从事牵引变电所运营与维护、接触网运行与检修变电工等相关领域的工作。

七、课程体系设计

(一)课程体系构建思路

与企业紧密结合，深化人才培养模式改革，强化学生职业综合素质和职业技能培养，打造“职业引导、能力递进”的人才培养模式，实施“专业与产业、教学与生产、学习与工作”深度融合的“2+1”人才培养方案，如图1-3所示。

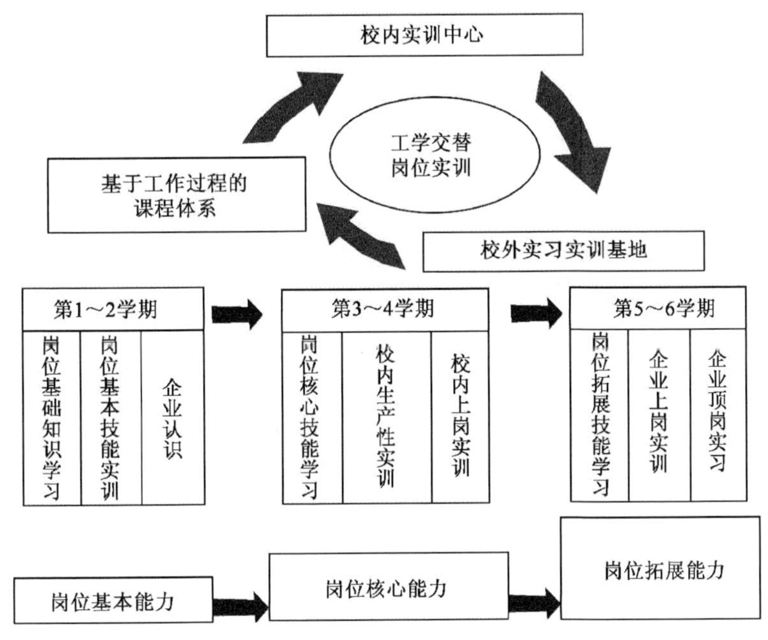

图1-3 “职业引导、能力递进”人才培养模式示意图

按照“校企联合、优势互补、产学互动、互利双赢”的原则，搭建“教学、育人、就业、服务”一体化平台，深入进行教学改革，推进多证书制度。大力推行“职业引导、能力递进”人才培养模式。

(1)以素质培养为基础，全面提高学生质量。以科学的劳动观与技术观为指导，帮助学生正确理解技术发展、劳动生产组织变革和劳动活动的关系，充分认识职业和技术活动对经济发展和个人成长的意义和价值，使学生形成健康的劳动态度、良好的职业道德和正确的价值观，全面提高劳动者素质。

(2)以市场需求为基本依据，以就业为导向，结合国民经济发展和科学技术进步的要求，根据人才市场和铁路企业岗位要求，通过校企合作、产学结合，及时调整课程设置和教学内容，建立按企业“订单”进行人才培养的机制，为铁路和相关企业培养技能型电气化铁道技术人才。相关行业、企业要在确定市场需求、人才规格、知识技能结构、课程设置、教学内容和学习成果评估等方面发挥主导作用。

(3)以突出职业技能为特色、以能力为本位，实行“双证”教育。把提高学生的职业能力放在突出的位置，加强实践教学环节，使学生成为铁路电气化供电一线迫切需要的技能型、应用型人才。以能力为本位构建培养方案，对职业岗位进行能力分解，以技术应用能力和岗位工作能力为支撑，明确专业领域核心能力，围绕核心能力的培养，形成课程体系。要求学生在取得学历证书的同时，按国家有关规定获得相关职业资格证书，使学生毕业时确实具备相应的上岗能力。

(4)适应企业技术发展，体现教学内容的先进性和前瞻性。关注我国铁路电气化技术的发展，通过校企合作等形式，及时调整课程设置和教学内容，突出本专业领域的新知识、新技术、新工艺、新材料，克服专业教学存在的内容陈旧、更新缓慢、不适应企业发展需要的弊端。

(5)以学生为主体，体现教学组织的科学性和灵活性。根据各地经济技术发展情况，充分考虑学生的认知水平和已有知识、技能、经验和兴趣，为学生提供适应人才市场需求和有职业发展前景的模块化的学习资源，力求在学习内容、教学组织、教学评价等方面给教师和学生提供选择和创新的空间，构建开放式课程体系，适应学生个性化发展的需要。课程体系的建立由岗位能力分析，提炼人才培养能力结构，再对能力结构进行分解，具体到能力要求的点，通过这些“点”，确定与能力相对应的课程设置，同时确定应取得的职业资格证书。如表1-2所示。

岗位能力与课程设置对应表 表1-2

能力结构	能力要求	相对应的主要课程	技能证书获取目标
职业基本能力	具备电工与金工应用能力、计算机应用能力、应用文写作能力、英文说明书阅读能力	计算机应用基础、电工基础、电子技术、传感器及检测技术、供配电系统设计	电工上岗资格证，全国高等学校计算机水平考试证书
职业核心能力	能进行接触网和变电所日常项目的检修与常见故障的抢修，能进行电气设备常规试验，具有综合性项目实践能力	接触网检修与维护、变配电所一二次设备维护与检修、供配电系统设计、计算机装调与组建局域网、电气化工程施工与管理	接触网工证、变电工证、电气试验工证（按合作企业的要求选择）
职业综合能力	能作为工作领导者组织接触网或变电所日常项目的检修与常见故障的抢修，能进行供电系统调度指挥，能创新性地综合完成企业项目	接触网工顶岗实习、牵引变电所值班顶岗实习、毕业顶岗实习	与合作企业开展接触网工技师培养计划，优秀学生考取技师证

(二)专业核心能力培养体系设计

专业核心能力培养体系的设计思路为,将专业核心能力的培养过程分为两大部分:一部分是基础的专业理论知识积累过程;另一部分是专业实践能力培养体系,由课程试验、实践能力训练等一系列实践相关内容构成,具体如表 1-3 所示。

课 程 体 系 模 块 表 1-3

模 块	核心能力要求	对应课程设置	对应实训手段
基础模块	政治素质、身体素质、职业道德规范、正确的审美观念和良好情操、敬业精神、创造精神、团队精神、沟通能力、良好的人文素质和高尚的人文精神,具备一定的数学理论和计算机的应用能力	形势与政策、体育、应用数学、计算机应用基础、机械制图等	模拟教学、各项体能测验达标、演讲比赛、各种讲座、社会实践,计算机上机实训
电气化铁道技术模块	电工操作、接触网施工与检修、变电技术、供电技术、电力调度、高压测试	电工基础、电子技术、接触网检修与维护,变配电所一二次设备检修与维护、电力牵引供变电安全与规则等	集中实训、校外实训

由课程试验、实践能力训练等一系列实践相关内容,构成了基于主要就业岗位改革专业岗位核心课程,具体分析如表 1-4 所示。

基于主要就业岗位改革专业岗位核心课程分析表 表 1-4

<table>
<tr><td>专业主要就业岗位</td><td colspan="4">专业岗位核心课程群</td><td colspan="2">备 注</td></tr>
<tr><td rowspan="2">维修电工</td><td colspan="4">“维修电工”课程群</td><td colspan="2" rowspan="2">维修电工中级</td></tr>
<tr><td>电工基础</td><td>电子技术</td><td>维修电工实训</td><td>供配电技术</td></tr>
<tr><td rowspan="2">接触网工</td><td colspan="4">“接触网工”课程群</td><td rowspan="2">中级接触网工证</td><td rowspan="4">“三必选一”(按合作企业的要求)</td></tr>
<tr><td>接触网维护与检修</td><td>接触网工(维护与检修)顶岗实习</td><td colspan="2">牵引变电安全与规则</td></tr>
<tr><td rowspan="2">变电工</td><td colspan="4">“变电工”课程群</td><td rowspan="2">中级变配电工证</td></tr>
<tr><td>变配电所运行与维护</td><td colspan="2">变电所设备试验实训、变电工顶岗实习</td><td>供配电技术</td></tr>
</table>

课程体系为了适应“订单”企业的岗位需求,设置了 5 种职业资格考证供企业和学生选择,学生可根据就业岗位的实际需要选择,获取相对应的技能和职业资格证书。

(三)课程体系模块

课程体系依据能力结构进行设计，根据核心能力需要设置核心课程，核心课程由专业基础课程支撑，如表1-5所示。

核心能力及核心课程的提取　　表1-5

序号	岗位群	典型工作任务	要求能力	学习领域组成	核心课程
1	变配电工	断路器的操作；互感器的使用与维护；牵引变电所电气主接线的检测；高压配电装置的使用与维护；接地装置的检测与维护；二次接线；高压断路器的距离控制、信号回路的检测；电动操作隔离开关的控制和信号电路的检测；中央信号装置的检测；牵引变电所的安装接线；二次接线新技术的了解	电工电器仪表的选用与使用、安全与防护；变电所各种设备或设施的操作与维护；变电所相关设施的安装与调试；责任心、团队协作能力，沟通、学习能力	电机与变压器； 电子技术； 牵引变电所； 变电所一次设备； 变电所二次设备； 变电所设备集中实训； 计算机网络技术	1. 变电所一次设备； 2. 变电所二次设备； 3. 接触网检修与维护； 4. 供配电技术
2	接触网工	作业前准备；作业过程；接触网维修；维修记录填写；交接班工作；作业结束	作业规范、规章的熟悉和应用能力；作业技能的基本应用；接触网基础知识应用能力；工具使用能力；接触线路状况分析能力；接触网设备性能判别能力；接触网设备维护能力；接触网辅助设备维护；分析作业中存在问题能力；制订相应措施能力；安全规程执行能力；应急情况的处理能力；责任心、团队协作	供配电技术； 牵引供电安全与规则； 接触网维护与检修； 接触网集中实训	
3	维修电工	配电设备的维修； 供电设备的维修； 企业机电设备的维护与维修； 变电所电气设备维护与维修； 供电企业设备维护	掌握继电保护方法； 了解工厂电网； 掌握电力系统运行维护技能； 熟悉电力系统运行维护工作； 掌握相关职业技能	电工基础； 电机与变压器； 电子技术； 传感器与检测技术； 供配电技术； 维修电工集中实训	

八、教学进程安排

(一)教学进程及时间分配

教学进程及时间分配，如表1-6所示。

2015 级电气化铁道技术专业教学进程及时间分配表(高职) 表 1-6

序号	课程类别		课程名称	考核方式	学时数			各学期周学时分配													
								第一学年						第二学年						第三学年	
								1			2			3			4			5	6
					合计	理论	实践	1~2周	3~10周	11~18周	9~10周	1~8周	11~18周	9~10周	1~8周	11~18周	9~10周	1~8周	11~18周	18周	18周
1	必修课	公共课程	思想道德修养与法律基础	考查	32	32	0	军训15天	2	2	电工电子电路设计实训1周 CAD综合实训1周			维修电工取证2周			电动机与变压器认识实训1周、自动化生产流水线组装与调试1周			预就业岗位能力强化训练	顶岗实习17周、毕业论文或设计答辩1周
2			新疆历史与民族宗教理论政策教程	考查	32	32	0					2	2								
3			马克思主义哲学原理概论	考查	32	32	0								2	2					
4			毛泽东思想与中国特色社会主义理论体系概论	考查	28	28	0											2	2		
5			形势与政策	考查	64	四学期															
6			体育	考查	122	10	112		2	2		2	2		2	2		2	2		
7			计算机应用基础	考试	64	14	50		4	4											
8			高职英语	考试	64	64	0		4	4											
9			应用数学	考查	64	64	0		4	4											
10			军事课	考查	按文件规定执行																
11			入学、安全教育	考查																	
			小计		502	308	194														
12		机电平台	机械基础	考试	32	16	16			4											
13			机械制图	考试	32	16	16		4												
14			电工基础	考试	32	16	16		4												
15			电子技术	考查	32	16	16			4											
16			项目:照明电路系统设计与制作	考试	48	8	40					6									
17			项目:多路抢答器设计与制作	考查	32	4	28						4								
			小计		208	76	132														
18		控制平台	C 语言与单片机	考试	48	24	24						6								
19			液压与气动基础	考查	32	16	16					4									
20			可编程控制技术	考试	48	24	24					6									
21			传感器及检测技术	考试	48	24	24						6								
22			项目:智能楼宇布线与安装	考试	48	8	40									6					
			小计		224	96	128														
23		基础专业	轨道交通概论	考查	32	28	4					4									
24			项目:轨道交通系统认知	考试	32	4	28						4								
25			小计		64	32	32														
26		核心平台	牵引供电规则	考试	64	24	40								8						
27			变配电所一二次设备检修与维护	考试	64	24	40												8		
28			项目:接触网检修与维护	考试	64	24	40												8		
29			项目:供配电系统设计	考查	32	4	28									8					
			小计		224	76	148														
30		拓展平台	电气化工程施工与管理	考查	48	24	24											6			
31			远动系统运行	考查	48	24	24											6			
32			项目:计算机装调与组建局域网	考查	48	20	28								6						
33			项目:低压配电接线	考查	32	16	16											6			
34			项目:避障机器人设计与制作	考查	48	8	40								6						
35			项目:轨道交通客运组织	考查	32	16	16									4					
			小计		256	108	148														
36		综合实践平台	维修电工取证	考查	52	0	52														
37			乌鲁木齐综合交通调查	考查	26	0	26														
38			CAD 综合实训	考查	26	0	26														
39			自动化生产流水线组装与调试	考查	26	0	26														
40			电机与变压器综合实训	考查	26	0	26														
41			毕业设计及论文答辩	考查	26	0	26														
42			预就业岗位能力强化	考查	360	0	360														
43			顶岗实习	考查	442	0	442														
			小计		984	0	984														
44	选修课		就业指导与创业教育(必选)	考查	36	20	16														
45			心理健康教育(必选)	考查	36	20	16														
46			德育活动课(必选)	考查	每周三开设																
47			礼仪与服务	考查	根据具体课程以讲座、活动等形式开展																
48			音乐欣赏	考查																	
49			轨道交通文化	考查																	
			小计		72	40	32														
			总学时及周学时		2534	736	1798		24	24		24	24		24	22		22	20	20	

注:思想道德修养与法律基础、形势与政策、心理健康教育总课时不足时,由学院统一集中安排课余时间补齐课时。

（二）综合试验实训实习设置及学时安排

综合试验实训设置如表1-7所示。

综合试验实训安排表　　　　表1-7

序号	项目名称	考核学期	实训主要内容及要求
1	维修电工实训	3	单向启动控制线路；接触器连锁的正反转控制线路；时间继电器自动控制的星三角降压启动线路；由行程开关控制的自动往返启动线路的接线练习；综合运用所学的传感器、电子、电路知识，通过实训加深学生对控制系统的理解
2	电工电子电路设计实训	2	会使用基本的工具，能连接常用电路
3	CAD综合实训	2	掌握基本绘图指令，能绘制简单的零件图
4	电动机与变压器认识实训	4	变压器的认识与接线；变压器内部结构认识；供电线路的检查与维护；接触网的维护
5	自动化生产流水线组装与调试	4	自动化生产线的工作过程，元器件的维护

（三）教学课程设计及课时比例表（表1-8）

教学课程设计及课时比例表　　　　表1-8

课程类别	总学时	理论学时	实践学时	占总学时比例（%）
公共课程	502	308	194	19.9
机电平台（基础课）	208	76	132	8.2
控制平台	224	96	128	8.8
专业基础	64	32	32	2.6
核心平台	224	76	148	8.8
拓展平台	256	108	148	10.1
综合实践平台	984	0	984	38.8
选修课	72	40	32	2.8
合　计	2534	736	1798	100
理论教学学时与实践教学学时的比例	1:2.44			

九、专业核心课程说明

（一）供配电系统设计

1. 建议学时

64学时。

2. 课程目标

识图（工程系统图、电气控制图、文字图形符号等）；识物（供、配电系统涉及的常用的主要设备功能特点、应用选型及工程应用规范）；建立现代供、配电系统概念；掌握供、配电系统基本设计理论和方法。

3. 课程内容

主要内容包括：供配电系统的基本知识、负荷计算、短路电流计算，主要电气设备及选择，变配电所，供配电网络，供配电系统的继电保护，变配电所的二次回路及自动装置，防雷接地，电气照明，供电质量的提高与电能节约等。介绍用弱电控制强电的方法；系统的控制信号由高电压、大电流转换成所需控制信号；控制信号提取点设置、转换环节、信号比较放大、执行机构等，以实时强、弱信号转换实现弱电、小信号控制系统大功率设备；涉及微机和微电子技术在供、配电系统中的应用。理论方面，不但有一般理论讲述推导，还有理论计算。理论计算包括：负荷计算、短路计算、线路及主变继电保护整定计算、变配电所及装置防雷接地计算。

4. 教学评价

理论知识占考核的70%，实践技能占30%；平时成绩占30%，期末成绩占70%。综合能力评价，由以上几项综合评定。

5. 教学建议

(1)课程教学平时、技能、知识等并重。

(2)注意培养学生的团队协作能力和沟通能力。

(3)加强学生职业道德和职业素质培养。

(4)建议聘请企业专家进行操作培训。

(二)接触网维护与检修

1. 建议学时

64学时。

2. 课程目标

经过本课程的学习，学生应掌握接触网维护与检修的基本内容。接触网是电气化铁路上的主要供电装置，它通过钢筋混凝土方柱或等径圆支柱及软横跨、硬横梁，以一定的悬挂形式将接触线直接架设在铁路线路的上方。它的功能是通过与电力机车顶部受电弓的滑动接触将电能供给电力机车(或电动车组)。

3. 课程内容

(1)接触悬挂部分。

接触悬挂部分包括：承力索、整体吊弦、接触线、中心锚结绳及各种线夹、全补偿下锚装置等。承力索承受接触线的重力，将整个接触悬挂的重力和拉力(或压力)传给支持装置，并通过吊弦悬挂使接触线保持在规定的高度，电力机车受电弓滑板同接触线相接触取得机车所需电能。

(2)支持装置。

支持装置包括：腕臂、棒式绝缘子、固定底座、腕臂支撑、斜拉线、承力索座等。它用于支持接触悬挂，并将其负荷传给支柱。

(3)定位装置。

定位装置包括：定位管、定位器、定位线夹、定位支撑等，用于固定接触线的水平位置。定位器处于受拉状态，使接触线沿铁路线路均匀分布在机车受电弓中心运行轨迹两侧，保证受电弓不脱离接触线而发生弓网事故，并将接触线的水平负荷传给支持装置。

(4)支柱和基础。

支柱和基础包括:钢筋混凝土方支柱和等径圆支柱、钢柱,软横跨、硬横梁、杯形基础、拉线基础、横卧板和底板等。它用于承受接触网的全部负荷,包括上部结构的重力、垂直线路方向的拉力(或压力)、顺线路方向的拉力。其施工质量的好坏直接影响到接触网能否长期稳定运行。

(5)接触网设备。

接触网是电气化铁路牵引供电系统中的主要供电设备,它的功能是向走行在铁路线上的电力机车不间断地供应电能。由于接触网是露天设置,受到各种恶劣气象条件的影响,其工作状况随电力机车的运行而变化,而且无备用设备,因而使得接触网的工作条件非常复杂。

4. 教学评价

理论知识占考核的55%,实践技能占45%;平时成绩占30%,期末成绩占70%。综合能力评价由以上几项综合评定。

5. 教学建议

(1)课程教学平时、技能、知识等并重。

(2)注重学生动手能力和实践中分析问题、解决问题能力的培养,对在学习和应用上有创新的学生应予特别鼓励,全面综合评价学生能力。

(三)变电所一二次设备

1. 建议学时

64学时。

2. 课程目标

经过本课程的学习,深刻理解电气化变电所的工作原理,具备对变电所一次设备维护维修的能力。

3. 课程内容

在发电厂变电所中,称发电机、变压器、电动机、开关(断路器)、隔离开关等为一次设备。在变电站中,输送和分配电能的高压电气设备有变压器、断路器、隔离开关、自动开关、接触器、刀开关、母线、输电线路、电力电缆、电抗器等。由一次设备相互连接,构成输电、配电或进行其他生产的电气回路称为一次回路或一次接线系统。牵引变电所一般设在车站的一端,在车站和区间分界处与另一端不同相位的供电臂通过分相绝缘器或电分段锚段关节相连。同一方向馈出回路的高压开关具备一旁路备用开关,可满足不间断可靠供电要求和检修的需要。为了安全、经济地发、供电,对一次设备及其电路进行测量、操作和保护而装设的辅助设备,例如各种测量仪表、控制开关、信号器具、继电器等,叫作二次设备。连接二次设备的电路,就叫作二次回路。

变电所的电气一次设备由变压器、断路器、隔离开关、电流互感器、电压互感器、架空母线、消弧线圈、并联电抗器、电力电容器、调相机等组成。变电所的电气二次回路由测量仪表、监察装置、信号装置、控制和同步装置、继电保护和自动装置等组成。

4. 教学评价

理论知识占考核的50%,实践技能占50%;平时成绩占30%,期末成绩占70%。综合能力评价由以上几项综合评定。

5. 教学建议

(1)课程教学平时、技能、知识等并重。

(2)教学中注意培养学生的安全操作意识和规范操作技能。

(3)注意培养学生的团队协作能力和沟通能力。

(4)建议聘请企业专家进行操作培训。

(四)牵引供电安全与规则

1. 建议学时

64 学时。

2. 课程目标

牵引变电所接地装置是确保电气设备正常工作和人身、设备安全的重要技术措施，也是构成电气保护的重要电气设施。在轨道交通类岗位中，根据操作规则进行安全操作具有极其重要的意义。

3. 课程内容

(1)工作接地。

为满足电力系统或电气设备的运行要求，无论电气设备在投运或停运时，必须将该设备的某一点进行接地，才能保证电气设备的正常运行和人身安全。如牵引变电所主变的铁芯接地、电力系统的主变中性点接地，但是只许一点接地。

(2)保护接地。

为防止电气设备的绝缘损坏，造成电击或电伤，将电气设备的外露可导电部分接地，称为保护接地。牵引变电所的所有电气设备都应该进行保护接地，从而提高设备运行的稳定性，保证人身、设备安全。

(3)防雷接地。

为防止牵引变电所内的电气设备和构筑物免受因大气中的雷击或雷电感应而引起的过电压而设置的过电压保护的接地，称为防雷接地。如避雷针、避雷器的接地。避雷针主要保护来自系统外部雷电过电压，它的实际作用就是引雷，把雷电波引入大地。因此，避雷针的接地必须独立，不得与牵引变电所的接地网相连。每一避雷针都有自己独立的接地系统。若与接地网相连则会造成雷电对电气设备反放电，损坏电气设备或造成人身伤害。避雷器的主要作用是保护来自系统内部的操作过电压和入侵的雷电波。它必须与牵引变电所的接地网可靠连接，方可起到保护作用。

(4)牵引供电回流系统的接地。

牵引供电的电流通过接触网、电力机车、钢轨和大地(回流线)回到牵引变压器。回流线除与钢轨可靠连接外，必须与牵引变电所的接地网可靠连接。它是构成馈线保护的基本组成部分。此外，由于回流电流造成牵引变电所地网电位不相等，这种情况一方面会对人身以及设备的安全造成威胁；另一方面将对保护、测量、信号装置造成影响，并有可能引发保护装置的误动或拒动。

(5)牵引变电所低压供电系统的接地。

牵引变电所的低压供电系统采用 TN-S 供电系统。低压供电系统的配电柜、配电盘必须与接地网可靠连接，所有的配电箱必须与 PE 线可靠相连，必要时与接地网相连。距离牵引变电所较近，使用牵引变电所提供的动力电源时，动力配电柜必须做重复接地，因为牵引变电所回流电流造成地网电位不相等，容易产生反击现象。

(6)牵引变电所监控设备的接地。

监控设备若在避雷针的保护方位之内，所有设备与接地网进行可靠连接；若不在避雷针保护范围之内，则必须做独立的接地系统，并不可与牵引变电所的接地网相连。

4. 教学评价

理论知识占考核的 50%，实践技能占 50%；平时成绩占 30%，期末成绩占 70%。综合能力评价由以上几项综合评定。

5. 教学建议

(1)课程教学平时、技能、知识等并重。

(2)教学中注意培养学生的安全操作意识和规范操作技能。

(3)注意培养学生的团队协作能力和沟通能力。

(4)建议聘请企业专家进行操作培训。

十、质量监控保障机制

(一)课内教学质量监控

以课程体系建设作为提高教学质量的核心，发挥专业建设指导委员会的作用，动态监控教学全过程相关的标准及指标建设。人才培养质量评价体系结构如图 1-4 所示。

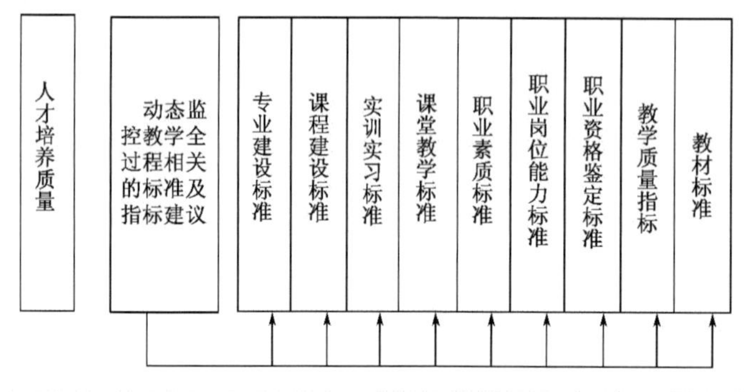

图 1-4　人才培养质量评价体系结构

(二)试验实训实习教学管理

1. 校内专业岗位实践(学校课程)

校内专业岗位实践由职业基础技能(金工实习)、职业岗位技能(维修电工、接触网工、变电工、电气试验工)两部分构成。根据就业岗位群的职业技能需求，利用校内生产性和模拟仿真功能的实训基地，模拟现场工作情境开展项目设计与一体化教学，使学生掌握就业岗位群的基本知识、职业规范和技能。

2. 校外顶岗实习(企业课程)

学生完成校内专业岗位实践学习后，被安排到专业对口企业进行职业岗位顶岗实习。通过校外顶岗实习，可加强对学生的职业岗位技能训练，使校内职业岗位课程与企业顶岗实习、职业能力培养与素质教育提高有机结合，如表1-9所示。

校外顶岗实习企业　　表1-9

序号	基地所在企业名称	基地情况	
		实习项目	可同时提供的实习岗位
1	乌鲁木齐城市轨道集团有限公司	专业认识实习 顶岗实习	变电所值守、接触网工区检修工，巡守工区人员、维修电工
2	乌鲁木齐城市轨道集团有限公司	顶岗实习	变电所值守、接触网工区检修工，巡守工区人员
3	其他铁路局供电段	顶岗实习	变电所值守、接触网工区检修工，巡守工区人员、维修电工

3. 建立多方参与的评价组织机构

主要收集社会、行业企业和学校教学全过程相关信息，建立企业、家长、用人单位、毕业生之间长期的信息沟通渠道，以满足电气化铁道技术专业高职教育的教学质量管理、监控、评价等要求。多方参与的评价组织机构如图1-5所示。

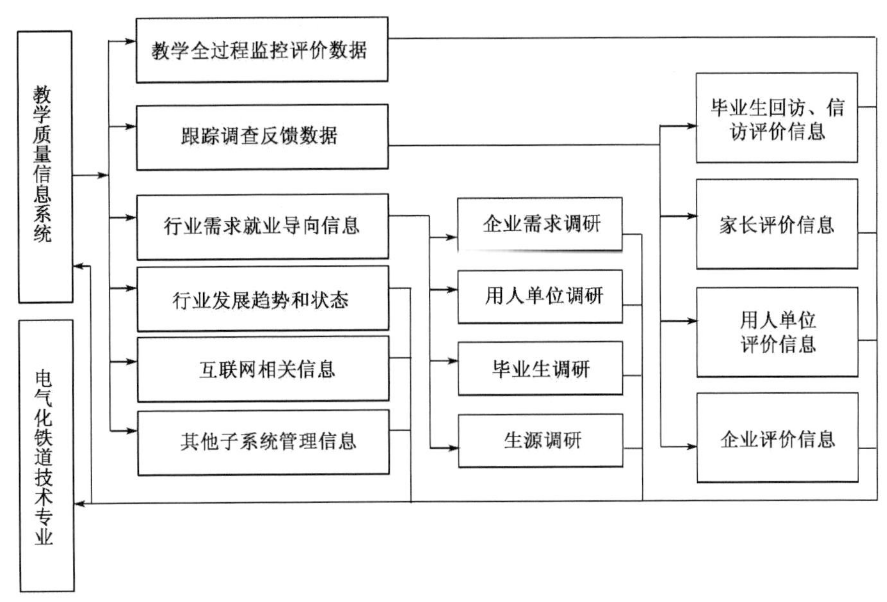

图1-5　多方参与的评价组织机构

（三）毕业顶岗实习管理

顶岗实习是教学工作的一个重要组成部分，同时也是本专业需要重点解决的问题之一。由于轨道交通专业的特殊性，对安全性要求较高，能够提供学生顶岗实习的单位并不多。因此，需要重点从区域实际、学院实际，与合作院校及实习单位共同开展此项工作。顶岗实习的制度参照我院汽车与机电工程学院顶岗实习相关制度和管理流程执行。

第二部分

机电平台课程标准

课程 1 机械基础

课程名称:机械基础
课程性质:机电平台课程
建议学时:32 学时(理论 16 学时、试验 16 学时)
适用专业:电气化铁道技术

一、前言

(一)课程定位

机械基础是机电类专业的一门平台课程,在专业学习中起承上启下的作用。该课程主要研究构件的受力与承载能力分析,机械工程材料的性能和用途,常用机构、机械传动的组成、传动原理、运动特性,机械零件的结构特点、性能等内容。课程设置的目的是通过本课程的学习与实践,培养学生的机械认知能力、分析与应用能力、创新能力,为学生学习后续专业课程提供一个专业基础知识平台,为后续课程学习、毕业设计及解决生产实际问题打下重要基础。

先导课程有机械制图,并行课程有电工基础、电子技术,后续课程有机电类专业核心课程等。

(二)教学设计思路

本课程标准以机电类专业学生的就业为导向,根据行业专家对专业所涵盖的岗位群进行的任务、职业能力分析和知识的要求,以专业教学计划培养目标为依据,以学生发展为本位,设计课程内容。在遵循"以应用为目的,必需、够用"的原则下,培养学生的机械系统分析、创新能力和综合知识应用能力,将工程力学、机械工程材料、机械设计基础三门课程有机整合为机械基础,按结构、原理、分析的主线,形成了课程教学内容的模块化结构,让学生掌握分析解决工程实际中简单力学问题的方法,掌握常用机械工程材料的性能、用途及选用,在了解常用机构、机械传动、机械零部件的基本知识及理论的基础上,学会分析、选用机械零件及使用维护简单机械传动装置。同时,在整个教学过程中,使学生学会运用标准、规范、手册、图册等有关资料,培养学生初步解决工程实际问题的能力。在教学过程中,注重引导学生将一般机械知识与该专业的知识相融合,发展职业能力。

二、课程目标

(一)知识目标

(1)掌握构件受力分析的方法和承载能力分析。
(2)掌握常用机械工程材料类型、性能与用途。
(3)熟悉常用的热处理工艺特点、应用。

(4)掌握平面机构运动简图的绘制。

(5)掌握平面连杆机构、凸轮机构、间歇运动机构等常用机构的组成、工作原理、性能特点及应用。

(6)掌握齿轮传动、带传动、链传动等各种机械传动的工作原理、特点、应用与维护。

(7)掌握常用机械零部件的作用、类型、特点及应用。

(二)能力目标

(1)能够分析解决工程实际中简单力学问题。

(2)能够对常用机械工程材料进行合理选用。

(3)能描述常用热处理工艺、操作方法。

(4)能绘制及识读简单机构运动简图,具有分析、选用机械零件及常用机构、机械传动装置的能力。

(5)能查阅标准、规范、手册、图册,并能运用相关资料。

(三)素质目标

(1)结合专业课程,培养学生理论联系实际的专业学习作风。

(2)培养学生吃苦耐劳、严肃认真的工作作风和爱岗敬业的良好职业道德。

(3)培养学生发现问题、提出问题、分析问题与解决问题的能力和创新精神。

(4)训练和培养学生自觉遵守规章制度,树立"安全第一"的观念。

(5)培养学生适应新环境能力、协调与沟通能力、团队合作能力。

三、课程内容与要求

课程内容分为5个模块:机械工程材料;构件的静力分析与承载能力分析;常用机构;机械传动;机械零件。采用课内讲授、案例分析、试验相结合的教学模式,教学内容围绕基础性和前沿性进行,以培养学生创新思维和实践能力为目的,集传统教学方法及多媒体、案例分析、试验、网络资源等现代教育手段,理论联系实际,融知识传授、能力培养和素质教育于一体,并重视培养学生的职业道德、实际动手能力、适应能力、可持续发展能力,提高学生的技术应用能力和综合素质,为后续课程学习、解决生产实际问题打下重要基础。其授课内容及要求如表2-1所示。

机械基础课程内容及要求 表2-1

序号	工作项目	能力要求	实验参考	教学设计	参考学时
1	模块一 机械工程材料	**知识:** 1.掌握材料力学性能的物理意义、表示方法; 2.掌握钢材类、铸铁、有色金属及其合金、非金属材料的类型、牌号、性能特点及应用; 3.掌握钢的热处理工艺方法的特点及应用; 4.了解材料常用加工方法的原理、特点及应用 **技能:** 1.能识别常用金属材料并能正确选用; 2.能正确选用热处理方法	**必做:** 准备铁碳合金、有色金属及合金、非金属材料等七种材料,查找该类材料的相关知识 **选做:** 材料硬度测试	1.班级分组; 2.布置任务(准备各类材料,查找该类材料的相关知识、热处理相关知识,自身的认识); 3.各组举例讨论汇报; 4.讲解知识点(结合专业课程中涉及零件选材,以热处理方法为例分析讲解); 5.讨论与总结	4

续上表

序号	工作项目	能力要求	实验参考	教学设计	参考学时
2	模块二 构件的静力分析与承载能力分析	**知识：** 1. 掌握静力学的基本公理、力矩与力偶的概念及表示方法； 2. 掌握构件受力分析、绘制受力图的方法； 3. 熟悉构件基本变形的受力和变形特点； 4. 掌握构件变形时的内力、应力； 5. 掌握构件变形的强度条件 **技能：** 1. 会进行构件受力分析，并能正确绘制受力图； 2. 会进行构件的承载能力分析	**必做：** 设计1个受力构件与承载能力分析试验 **选做：** 桥梁静力分析	1. 案例分析讲解知识点； 2. 课堂练习（绘制构件的受力图）； 3. 讨论与总结	4
3	模块三 常用机构	**知识：** 1. 了解机器与机构、零件与构件的特点； 2. 掌握运动副的概念、分类、特点及机构运动简图的绘制方法； 3. 了解平面连杆机构、凸轮机构、间歇运动机构的组成、类型、特点及应用； 4. 掌握平面连杆机构、凸轮机构、间歇运动机构的工作原理及工作特性 **技能：** 1. 能进行机构运动简图的绘制； 2. 能识别机器中的各类平面连杆机构、凸轮机构、间歇运动机构，并能描述其应用原理	**必做：** 1. 平面连杆机构的认知； 2. 凸轮机构的认知； 3. 间歇运动机构的认知 **选做：** 平面连杆机构、凸轮机构、间歇运动机构模型制作	1. 常用机构演示； 2. 提出问题； 3. 观察现象，分组讨论汇报； 4. 讲解知识点（各类常用机构的原理、演化、特点及应用）； 5. 讨论与总结	8
4	模块四 机械传动	**知识：** 1. 了解各类齿轮传动、带传动、链传动的类型、特点及应用； 2. 掌握齿轮各部分的名称、基本参数及几何尺寸； 3. 掌握齿轮传动正确啮合条件与失效形式； 4. 掌握V带及带轮结构、滚子链及链轮结构； 5. 掌握齿轮传动、带传动、链传动的安装与维护方法； 6. 了解轮系的功用、类型、特点及应用； 7. 掌握定轴轮系、行星轮系传动比的计算方法 **技能：** 1. 能描述齿轮传动、带传动、链传动的工作原理； 2. 能进行齿轮传动、带传动、链传动的安装与维护； 3. 能正确分析定轴轮系、行星轮系的应用原理； 4. 能进行定轴轮系、行星轮系传动比的计算	**必做：** 1. 齿轮传动的认知； 2. 轮系的认知 **选做：** 1. 带传动的认知； 2. 链传动的认知	1. 案例演示； 2. 提出问题； 3. 观察现象，分组讨论汇报； 4. 结合实际机械传动讲解知识点（齿轮传动、轮系、带传动、链传动的类型、原理、特点、应用及维护等）； 5. 课堂练习（轮系传动比的计算）； 6. 讨论与总结	8

续上表

序号	工作项目	能力要求	实验参考	教学设计	参考学时
5	模块五 机械零件	**知识：** 1. 掌握螺纹连接，键、销连接的类型、特点和应用； 2. 掌握螺纹连接的预紧和防松； 3. 掌握轴、轴承的功用、类型、结构、特点及应用； 4. 掌握滚动轴承组成、类型、代号及选用； 5. 掌握轴承的润滑与密封方法； 6. 掌握联轴器、离合器的功用、类型、结构、工作原理、特点、应用及异同 **技能：** 1. 能正确使用螺纹连接，键、销连接、轴承； 2. 能识别滚动轴承的类型； 3. 能判别轴的结构的合理性，并能进行轴上零件的正确定位与调整； 4. 能描述联轴器、离合器的功用、工作原理与异同	**必做：** 1. 螺纹连接件、键、销、轴承的认知； 2. 联轴器、离合器的认知 **选做：** 轴的结构及轴上零件定位的认知	1. 班级分组； 2. 观察螺纹连接件、键、销、轴承、轴及轴系组件实物； 3. 分组讨论； 4. 结合实际机械零部件讲解知识点； 5. 讨论与总结	8
合计					32

四、实施建议

(一)教材选用和编写建议

1. 教材选用

本课程教材主要采用曾德江主编的《机械基础》(少学时)，机械工业出版社，2012 年 6 月出版。

2. 教材编写原则与要求

(1)必须依据本课程标准编写教材，教材应充分体现以工作任务为中心组织课程内容和课程教学的设计思想。

(2)教材应将本专业职业活动分解成若干典型的工作项目，按完成工作项目的需要组织教材内容，引入必需的理论知识，强调理论在实践中的应用。

(3)教材应图文并茂，提高学生的学习兴趣，加深学生对机械基础知识的认识和理解，教材表达必须精炼、准确、科学。

(4)教材内容应体现通用性、实用性、先进性，使教材更贴近本专业的发展和实际需要。

(5)教材中活动设计的内容要具体，并具有可操作性。

3. 教学参考资料使用建议

(1)刘跃南，《机械基础》，高等教育出版社，2005 年出版。

(2)吴细辉,《机械基础》,机械工业出版社,2012 年出版。

(3)倪森涛,《机械基础》,高等教育出版社,2000 年出版。

(4)张群生、黄朗宁,《机械基础》,湖南大学出版社,2009 年出版。

(二)教学建议

(1)加强教学资源库和教材建设,不断丰富和完善多媒体课件和网络教程的内容,进一步完善实验室建设。

(2)本课程是一门应用性很强的课程,在教学过程中采用多种教学方法来增强感性认识。

(3)在教学过程中,全面了解学生的实际情况,以学生为主体,因势利导地启发学生积极思维,指导学生如何观察、分析、归纳问题,引导学生解决学习过程中的困难。在此过程中,可采用学生间分组协作学习方式,侧重培养学生的沟通能力、团队协作能力。

(4)在教学过程中,增强实践性教学环节,通过组织学生参观常用机构设备陈列室和各类机械设备陈列,加强对学生实际应用能力培养。

(5)在教学过程中,要重视与后续专业课程相衔接,体现实用性和可持续发展性。

(6)教学过程中,加强安全教育,提高安全意识,培养学生严谨的工作态度。

(7)教学过程中,教师应注重学生综合素质的培养,将创新思维和创新理念渗透到教学过程中,积极引导学生提升职业素养。

(三)教学考核评价建议

(1)采用过程性评价与目标评价相结合的评价模式。

(2)关注评价的多元性,结合课堂提问、学生作业、平时测验、试验实训及考试情况,考虑学习态度、团队合作精神、交流及表达能力、组织协调能力,综合评价学生成绩。

(3)应注重学生运用知识分析、解决问题能力的考核,对在学习和应用上有创新的学生应予特别鼓励,全面综合评价学生能力。

(4)最终考核结果构成:过程考核占 30%;目标考核占 50%;方法能力评价占 20%。

(四)课程资源的开发与利用

(1)开发本课程的教学资源库:课件、动画、微课、试验指导书、习题等教学资料。

(2)积极开发和利用学校图书馆、校园网提供的课程资源,如相关的图书及报纸、期刊杂志、音像资料、网络资源(数字图书馆、电子书籍等)等。

(3)进一步建设本课程的试验条件,使之具备试验教学的需求,满足机械基础应用能力培养的要求。

(五)其他说明

本课程的内容,可根据培养对象的方向进行筛选,此外,可根据学院的试验条件适当调整,达到专业培养目标的要求。

课程2　机 械 制 图

课程名称：机械制图
课程性质：机电平台课程
建议学时：32学时
适用专业：电气化铁道技术

一、前言

(一)课程定位

机械制图是机械类专业的重要基础课程之一。本课程的主要任务是培养学生具有一定绘制和识读机械图样的能力、空间想象和思维能力。本课程通过一定的生产实践与较多的练习达到上述能力。

机械制图在机电一体化技术、汽车制造与装配技术等专业中具有重要地位;课程设置的目的是通过本课程的学习和实践,为本专业后续核心课程学习奠定基础,增强学生综合分析问题、解决问题的能力和实践操作的技能。通过本课程的学习,使学生更好地学习和掌握机电类零部件的结构组成与工作原理,能运用识图知识分析机电机械系统构造与工作原理,从而指导机电类专业基本识图的方法。

(二)教学设计思路

该课程依据机电类专业人才培养方案中对机械制图的要求,将工作任务分为7个学习模块,使学生在对零件与机械加工工艺流程有一定的了解基础上,通过机械制图基本知识、投影法的学习、机件三视图的画法、零件图与装配图的识读、零件测绘学习情境的学习,达到本课程的学习目标。

本项目设计,以识读部件零件图与装配图为线索来进行,并最终达到掌握识图与零件测绘的学习目标。在教学过程中,通过校企合作、校内实训基地建设等途径,采取工学结合、开放实训室等形式,充分开发教学资源,为学生提供充足的实践机会。通过过程评价、知识评价和实践操作评价的形式来评定项目教学。对项目评价的重点,要突出实践操作的评价,以此重点反映学生对相关知识的掌握,并体现学生对相关职业能力的掌握程度。课程教学评价以各项目按比例构成。

二、课程目标

(一)知识目标

(1)掌握制图的基本知识与技能。

(2)掌握正投影的基本理论——三视图的形成及投影关系。

(3)能绘制和识读中等复杂组合体的三视图。

(4)掌握机件表达方法。

(5)熟悉标准件、常用件的规定画法。

(6)掌握绘制和识读中等复杂的零件生产图。

(7)掌握装配图的画法及识读方法。

(8)掌握零部件的测绘方法,培养徒手绘图及使用尺规绘图的基本技能。

(二)能力目标

(1)能自觉学习和使用新标准、新技术。

(2)能够具有机械产品的图样识读和测绘的职业能力。

(3)能够正确、完整、清晰地传达产品信息,完成符合国家标准规定的表达方法与尺寸标注。

(4)通过学习本课程,使学生养成一丝不苟、勤学苦练、严格要求、精益求精的学习态度与工作作风。

(5)严格遵守,认真贯彻有关国家制图及机械行业标准和规范,为今后继续遵守行业规范奠定基础。

三、课程内容与要求

课程内容与要求如表2-2所示。

机械制图课程内容及要求 表2-2

序号	工作内容	能力要求	项目	教学设计	参考学时
1	模块一 绘制平面图形	**知识:** 1. 能正确使用制图有关的常用国标; 2. 能对平面图形进行图形分析及绘制; 3. 能对平面图形进行正确的尺寸标注; 4. 能正确使用绘图仪器; 5. 能严格遵守,认真贯彻有关国家制图标准 **技能:** 能正确绘制平面图形	**必做:** 吊钩的绘制 **选做:** 挂轮架的绘制	1. 下达任务书,查阅资料; 2. 以吊钩或挂轮架零件实物为载体,分析工程图样上的有关技术信息,分析如何将实物转换为工程图样; 3. 各组列出工作计划,确定最佳工作方案; 4. 合理选用工具和正确使用工具; 5. 准确绘制图形及尺寸标注; 6. 小组学生互相检查,点评; 7. 完善工作方案	4
2	模块二 绘制基本体三视图	**知识:** 1. 能分析平面立体与曲面立体的形体特征; 2. 能熟练绘制点、线、面的三面投影; 3. 能熟练绘制多方位放置的基本体的三视图; 4. 能分析截切和相贯体的形成过程,并绘制截交线与相贯线; 5. 建立空间形体的概念 **技能:** 能绘制基本体及基本体的截交线与相贯线的三面投影;能正确补画截切与相贯体的缺线	**必做:** 轴承座三视图的识读和绘制 **选做:** 齿轮盘类零件的绘制	1. 下达任务书,查阅资料; 2. 以轴承座零件为载体,分析点、线、面的投影规律,三视图投影特征及其绘图的方法和步骤; 3. 各组列出工作计划,确定最佳工作方案; 4. 合理选用工具和正确使用工具; 5. 准确绘制图形及尺寸标注; 6. 小组学生互相检查,点评; 7. 完善工作方案; 8. 建议安排学生自己动手制作模型(橡皮泥、萝卜等)	4

续上表

序号	工作内容	能力要求	项目	教学设计	参考学时
3	模块三 绘制组合体三视图	**知识：** 1. 能分析组合体的组合形式及形体的形状特点； 2. 能对组合体进行形体分析及进行三视图的绘制； 3. 能对组合体进行尺寸标注； 4. 能根据三视图（视图）想象形体空间形状； 5. 能区别形体与零件之间的关系 **技能：** 1. 正确用三视图表达形体的形状； 2. 准确识读与标注组合体尺寸； 3. 识读三视图表达的形体形状特点	**必做：** 支座三视图识读和绘制 **选做：** 连杆件的绘制	1. 下达任务书，查阅资料； 2. 以支座零件为载体，分析组合体的组合形式及表面连接关系；掌握形体分析的方法； 3. 各组列出工作计划，确定最佳工作方案； 4. 合理选用工具和正确使用工具； 5. 准确绘制图形及尺寸标注； 6. 小组学生互相检查，点评； 7. 完善工作方案	4
4	模块四 绘制机械零件图形	**知识：** 1. 能对机件进行分析，确定最佳表达方案； 2. 能熟练识读与应用国家标准规定的视图方法（基本视图、斜视图、局部视图）； 3. 能将三视图改画成剖视图（复杂零件）； 4. 能识读用任意表达方法（国标规定）表达的机件 **技能：** 准确、清晰、完整抄画较复杂机件的表达图	**必做：** 轴承座零件的绘制 **选做：** 阀体类零件的绘制	1. 下达任务书，查阅资料； 2. 以典型零件为载体，根据典型零件选择正确的表达方法，绘制典型零件工作图； 3. 各组列出工作计划，确定最佳工作方案； 4. 合理选用工具和正确使用工具； 5. 准确绘制图形及尺寸标注； 6. 小组学生互相检查，点评； 7. 完善工作方案	4
5	模块五 标准件与常用件的画图	**知识：** 1. 能正确识读与绘制标准件和常用件的规定画法与标注； 2. 能查表了解标准件与常用件的各项参数 **技能：** 识读与绘制标准件与常用件	**必做：** 轴类零件图绘制 **选做：** 支架零件图绘制	1. 下达任务书，查阅资料； 2. 以支架零件为载体，演示其基本视图、向视图、局部视图、斜视图的画法与标注； 3. 各组列出工作计划，确定最佳工作方案； 4. 合理选用工具和正确使用工具； 5. 准确绘制图形及尺寸标注； 6. 小组学生互相检查，点评； 7. 完善工作方案	4
6	模块六 零件图识读	**知识：** 1. 知道零件图所包含的内容； 2. 能正确识读零件图上的技术要求； 3. 能识读中等复杂零件图 **技能：** 正确识读零件图上所有内容	**必做：** 轴套类零件图识读 **选做：** 盘盖类零件图、支座零件图、箱体零件图识读	1. 下达任务书，查阅资料； 2. 以轴套类、盘盖类零件、支座零件、箱体零件为载体，讲授识读方法，学生掌握读图的方法； 3. 各组列出工作计划，确定最佳工作方案； 4. 合理选用工具和正确使用工具； 5. 准确绘制图形及尺寸标注； 6. 小组学生互相检查，点评； 7. 完善工作方案	6

续上表

序号	工作内容	能力要求	项目	教学设计	参考学时
7	模块七 装配图识读	**知识:** 1. 掌握装配图上的几种重要的表达方法; 2. 能根据装配图了解零件之间的装配关系与装配要求,正确装配零部件; 3. 能根据部件装配图了解其工作原理 **技能:** 看懂装配图的装配关系与工作原理	**必做:** 齿轮油泵装配图的识读 **选做:** 减速器装配图的识读	1. 下达任务书,查阅资料; 2. 以齿轮油泵为载体演示零、部件测绘的方法、步骤,学生熟悉齿轮油泵的工作原理、零件结构及装配关系、装配结构;掌握齿轮油泵拆装顺序; 3. 各组列出工作计划,确定最佳工作方案; 4. 合理选用工具和正确使用工具; 5. 准确绘制图形及尺寸标注; 6. 小组学生互相检查,点评; 7. 完善工作方案	6
合计					32

四、实施建议

(一)教材选用和编写建议

1. 教材选用

本课程主教材暂时使用机械工业出版社、人民交通出版社出版的高等职业教育机电类专业规划教材。

主要参考书及参考资料:

(1)董国耀等,《机械制图》,高等教育出版社,2014 年出版。

(2)王雅先,《机械制图》,机械工业出版社,2012 年出版。

2. 教材编写原则与要求

本课程教材在编写中应遵守机械制图标准和机电类专业人才培养方案。

(二)教学建议

机械制图是一门理论与实践相结合的课程,在教学过程中应有目的地带领学生到机械加工实习车间和企业参观实习,让学生了解零件加工的过程和零件的形状特点,增加学生对形体和零件的认知能力,培养学生的空间想象能力,以便更好地学习本课程。在零件测绘课程中,学生经过零件测绘实践,能加深对识读装配图的理解,使学生的看图能力得到提高。

(三)教学考核评价建议

(1)本课程成绩考核内容:学生平时作业情况、大作业情况、考勤情况等综合考核。

(2)本课程考核按照课程标准中考核要求进行考核:考勤占 10%,平时作业占 20%,大作业占 30%,理论测试占 40%。

(3)学生完成本课程的要求:平时作业、大作业所画图形必须一丝不苟、绘图正确、图线清晰、布局合理,同时在部件测绘过程中注意与其他同学的团结协作,不焦不躁、心平气和地完成工作任务。

（四）课程资源的开发与利用

（1）积极开发和利用校园网络课程资源，充分利用诸如电子书籍、电子期刊、数据库、数字图书馆、教育网站和电子论坛等网上信息资源，使教学手段和教学方法多样化，提高学生的学习兴趣。

（2）建立学习资料库，推荐国内相关专业的网站地址，积极引导与培养学生自主学习、资料查询等能力。

（五）其他说明

（1）鉴于高职生源的多样性，在实施中要编好小组，使小组成员取长补短，共同提高。

（2）指导教师在进行示范过程中，要适时提供相关资料的索引，让学生自己去查阅，确保按时完成任务。

（3）能力培养要求：着重培养学生的自学能力、动手操作能力和分析问题、解决问题的能力。

（4）主讲教师根据本课程标准制订具体的授课计划。

课程3　电 工 基 础

课程名称:电工基础

课程性质:机电平台课程

建议学时:32 学时

适用专业:电气化铁道技术

一、前言

我院机电工程学院于 2015 年上半年对本分院的机电一体化、城市轨道交通控制、电气化铁道技术、电气自动化、汽车制造与维护、工程机械控制、工程机械运用与维护专业的教学进程表进行了统一的改革,将教学划分为几大平台,分别是公共课程、机电平台、基础专业、核心平台、拓展平台、综合实践平台、选修课等,并在 2015 ~ 2016 学年的第一学期开始试行。电工基础课程是机电平台中的一门重要专业基础课程。

(一)课程定位

电工基础是机电工程学院几个专业公共的机电平台课程,是一门重要的专业技术基础课,也是非机电类学生的重要课程,属于一门具有较强实践性的技术基础课程,对学生在后续课程的学习中起着十分重要的作用。

通过本课程的学习,培养学生掌握和运用电工技术的基本理论、基本知识和基本技能,使学生能够具有一定分析和解决电工相关技术问题的实际能力,了解电工事业的最新发展形势,为学习后续课程以及从事专业的技术工作打下一定的基础,从而进一步培养学生的工程意识、创新能力和全面的专业素质。

(二)教学设计思路

电工基础的理论性、应用性较强,为体现其专业和课程特点,本课程采用以理论为主、以应用性为辅的教学思路,采用"项目教学法",分模块实施教学,每一模块安排相应的教学内容,由浅入深、逐步递进。把重点放在对后续专业课有用的知识点上,结合专业特点,教学遵循学以致用原则,结合生产生活实际,使每一教学内容有具体的目的、明确的任务,强调教学内容与岗位实际、专业课的紧密联系,通过师生共同参与、共同努力,达成教学目标。

课程教学内容与高中物理课程衔接得当,课程内容设计符合高技能人才培养目标和专业相关技术领域职业岗位(群)的任职要求,学习完本课程应达到"中级维修电工"职业资格证要求。具体教学内容设计如表 2-3 ~ 表 2-5 所示。

直流电路教学内容一览表 表2-3

工作任务 \ 知识点	电路基础知识	电路基本物理量	万用表的认识与使用	电阻的串联和并联	欧姆定律	电压源与电流源	电路的基本状态	基尔霍夫定律
1. 单电源供电电路设计与仿真	★	★	★	★	★			
2. 双电源供电电路设计与仿真	★	★	★	★	★	☆	☆	☆

单相交流电路教学内容一览表 表2-4

工作任务 \ 知识点	安全用电基本知识	正弦交流电基本知识	单相交流电路	RLC 串联电路	示波器的认识与使用	功率与功率因数	交流铁芯线圈	变压器
1. RLC 选频电路	★	★	★	★	★	★		
2. 变压器的认识与测试	★	★	★	★	★	★	☆	☆

三相交流电路教学内容一览表 表2-5

工作任务 \ 知识点	安全用电基本知识	交流发电机	三相负载的连接	三相异步电动机	常用低压电器	三相异步电动机全压直接启动	三相异步电动机正反转控制
1. 三相负载的连接	★	★	★				
2. 电动机启保停控制电路安装与调试	★	★	★	☆	☆	☆	
3. 电动机正反转控制电路安装与调试	★	★	★	★	★	★	☆

每个教学项目的实施都按照“获得资讯→绘制电路→模拟仿真→实物连接→调试检测→总结汇报”的步骤进行，并且项目是按“由易到难、由直流到交流、由单相到三相”的知识结构递进的。每个小的工作任务则是按照“由单项到简单系统、由简单系统到复杂系统”的方式进行设计的。

二、课程目标

以职业岗位需要作为课程目标，通过该课程的学习，使学生掌握电工技术的基本知识和基本技能，初步形成解决生产实际问题的应用能力；培养学生的思维能力和科学精神，培养学生学习新技术的能力；提高学生的综合素质，培养创新意识。

今后将加强与企业合作，共同确定机电技能型人才职业岗位要求，更好地制订出人才培养目标方案。

（一）知识目标

（1）掌握电路的基础知识。

（2）掌握安全用电常识，知道基本防范措施与应对措施。

（3）掌握电路的基本分析方法，对电路进行分析和简单计算。

（4）掌握基本电气元件的结构与功能。

（5）理解正弦交流电路基本概念，了解正弦交流电路基本定律的相量形式，学会分析计算一般的正弦交流电路。

（6）掌握对称三相交流电路电压、电流、功率的计算方法，了解三相四线制供电系统中线的作用和负载的正确接法。

（7）了解三相异步电动机的工作原理、结构特点和额定值等。

（8）了解常用低压电器结构和功能，能读懂简单的控制电路原理图，能连线操作。

（9）掌握常用电工仪表的功能及其正确使用方法；了解测量误差的意义，能够正确选用仪表类型、量程。

（10）知道变压器的结构和分类，会计算变压器的变压比、变流比，了解变压器的应用。

（二）能力目标

（1）懂得如何防止触电以及发现触电者后如何脱离电源，对触电者如何进行简单急救。

（2）掌握接地、接零的基本概念，并能正确选择接地、接零保护。

（3）正确使用常用的电工工具、电工仪表，并对其进行常规维护。

（4）知道线路敷设的基本类型和敷设工艺，会对简单线路进行敷设施工。

（5）能够分析变压器的工作原理，对变压器进行检测。

（6）能够对单相负载和三相负载进行正确的电路连接。

（7）能读懂电气控制接线图，进行室内简单照明电路的安装。

（8）掌握三相异步电动机的原理、构造和简单控制。

（9）能读懂电动机控制接线图，能够进行三相异步电动机的全压直接启动控制电路。

（10）项目完成后，能独立完成项目分析报告。

（11）每个学生必须严格遵守项目教学的纪律和有关制度，要注意用电安全。

（三）素质目标

（1）养成良好的用电安全规范操作意识。

（2）规范地使用相关仪表工具。

（3）通过小组讨论、小组分工协作等方法，使学生具备团队合作意识和沟通能力。

（4）具有良好的职业道德，遵纪守法，能够奉献、负责、务实。

（5）培养学生的全局意识，锻炼学生的自律能力，增强其责任感。

（6）锻炼学生利用书籍或网络获得相关信息的能力。

三、课程内容与要求

在课程体系设计上，应避免与后续课程重复，课程内部内容构建符合学生认知和操作的规律，体现课程的特色，为专业服务和职业岗位能力的培养服务。课程内容与要求如表2-6所示。

电工基础课程内容及要求 表 2-6

序号	学习模块	工作任务	能力要求	实验参考	教学设计	参考学时
1	直流电路	1. 单电源供电电路设计与仿真； 2. 双电源供电电路设计与仿真	**知识：** 1. 掌握电路的基础知识； 2. 掌握电路中的基本物理量； 3. 学会使用万用表测量直流电和电阻、电感、电容； 4. 掌握电路的三种状态； 5. 掌握电阻的串、并联电路的特点、欧姆定律、基尔霍夫定律及其电流电压的关系 **技能：** 1. 能够正确使用常用的电工工具、电工仪表进行直流电路的连接与测量； 2. 能够识别电气元件的符号，根据电气元件的特性，利用基础定律分析电路的工作原理； 3. 学会绘制简单的电路原理图； 4. 能够按照电路图正确连接电路	**必做：** 1. 万用表测量直流电； 2. 电阻的串联和并联电路； 3. 基尔霍夫定律	1. 班级分组； 2. 查询电路基础知识并讨论交流； 3. 学习交流万用表的使用，分组进行试验一； 4. 完成试验报告	4
					1. 学习电阻的串联与并联、欧姆定律相关知识并交流； 2. 熟悉试验台，分组进行试验二； 3. 完成试验报告	4
					1. 查阅资料，获取电压源与电流源、电路的状态和基尔霍夫定律相关知识； 2. 分组交流讨论； 3. 熟悉试验台，分组完成试验三； 4. 完成试验报告； 5. 结果汇报与评比	4
2	单相交流电路	1. RLC 选频电路； 2. 变压器的认识与测试	**知识：** 1. 掌握单相交流触电基础知识，知道基本防范措施与应对措施； 2. 掌握单相正弦交流电路基础知识，R、L、C 在交流电路中与在直流电路中的异同； 3. 掌握万用表测量交流电流与电压的方法； 4. 知道单相交流电路功率的计算； 5. 知道变压器的结构和分类，会计算变压器的变压比、变流比，了解变压器的应用； 6. 学会示波器的操作方法 **技能：** 1. 能够正确使用常用的电工工具、电工仪表进行交流电路的连接与测量； 2. 能够用测电笔测量火线和零线； 3. 能够对变压器进行检测； 4. 能够进行单相交流电路的连接与调试； 5. 学会分析、绘制电路图并进行简单设计	**必做：** 1. 万用表测量交流电及电容、电感； 2. 示波器的认识与使用； 3. RLC 串联谐振电路； 4. 单相铁芯变压器特性的测试	1. 查询单相触电种类和应对方法，并模拟演示； 2. 提出工作任务要求； 3. 单相交流电基础知识的获取与分析； 4. 小组发言并整合信息； 5. 分组完成试验一、试验二，提交试验报告	4
					1. 获取 RLC 串联电路相关资讯，并制作 PPT 展示交流； 2. 分组完成试验三，提交试验报告； 3. 总结与评比	4
					1. 获取变压器相关资讯，并制作 PPT 展示交流； 2. 分组完成试验四，提交试验报告； 3. 总结与评比	4

续上表

序号	学习模块	工作任务	能 力 要 求	实验参考	教学设计	参考学时
3	三相交流电路	1. 三相负载的连接； 2. 电动机启保停控制电路连接与调试； 3. 电动机正反转控制电路连接与调试	**知识：** 1. 掌握三相交流触电基础知识，知道基本防范措施与应对措施； 2. 掌握三相电源的连接方式； 3. 掌握常用低压电气设备的工作原理和电气符号； 4. 知道三相交流异步电动机的结构与工作原理； 5. 知道三相交流电路线电压与相电压、线电流与相电流之间的关系，以及三相功率的计算 **技能：** 1. 掌握三相异步电动机的结构和工作原理； 2. 掌握常用低压电气设备的正确使用； 3. 能绘制并分析电动机控制接线图； 4. 能够进行三相异步电动机的全压直接启动控制电路	**必做：** 1. 三相负载的Y—△连接； 2. 三相交流异步电动机的点动、自锁控制电路； 3. 三相交流异步电动机的正反转控制电路	1. 查询单相交流触电种类和应对方法，并模拟演示； 2. 提出工作任务要求； 3. 单相交流电基础知识的获取与分析； 4. 小组发言并整合信息； 5. 分组完成试验一，提交试验报告	4
					试验都执行下列步骤： 1. 提出工作任务要求； 2. 信息获取与讨论； 3. 小组发言并整合信息； 4. 电路设计并绘制电路图； 5. 电路连接与调试； 6. 完成试验报告，并做PPT汇报； 7. 总结与评比	4
合 计						32

四、实施建议

(一) 教材选用和编写建议

1. 教材选用

本课程教学内容采用模块结构，授课教师应根据教学要求，合理选用相应教材，并对教材内容做适当的整合与处理。

2. 教材编写原则与要求

教材的编写要体现课程的性质、价值、基本理念、课程目标以及内容标准。

教材应注重实践性教学环节的编写，注重学生工程实践、创新能力的培养与综合素质的提高。应用自编本校教材。教材编写重点放在引导学生如何从一个电系统的整体角度下手分析并解决问题，引导学生能够解决应用中可能出现的问题，将传授知识和发展能力结合起来。

本课程教材的编写，应以教育部《关于加强高职高专教育人才培养工作的意见》为指导，以适应社会需要为目标，以培养技术应用能力为主线，以理论知识的必需、够用为原则进行。所选择的素材来源于电工技术过程中的现象和实际问题，反映一定的科学价值，能够表现出不同内容之间的相互联系。

教材内容的编排和呈现突出知识的形成与应用过程；引导学生从已有的知识和经验出发，进行自主探索与合作交流；关注对学生人文精神的培养。教材的编写还有利于调动教师的主动性和积极性，鼓励教师进行创造性教学。

教学编写应体现出职业技术教育特色,并具有一定的弹性。教材编写时,充分考虑与其他课程资源的开发和利用相结合。

3. 教学参考资料使用建议

电工技术相关教学参考资料较多,在学习过程中仅需从中选取需要的内容进行参考,可以在图书馆查阅电工基础或电工技术相关书籍,或者可以直接利用网络资源进行搜索查询,以满足对理论知识掌握的需求。

(二)教学建议

在教学活动中,要从学生实际出发,创设有助于学生自主学习的问题情境,引导学生通过实践、思考、探索、交流获得知识,形成技能,发展思维,学会学习,促进学生在教师指导下主动地、富有个性地学习。

在教学活动中,以学生为主体,使学生成为学习专业知识的组织者、引导者、合作者;要善于激发学生的学习潜能,鼓励学生大胆创新与实践,要创造性地使用教材,积极开发利用各种教学资源,为学生提供丰富多彩的学习素材;注意电工技术的新发展,适时引进新的教学内容。按照学生学习的规律和特点,以学生为主体,充分调动学生学习的主动性、积极性。

在教学活动中,要积极改进教学方法,课堂教学应多采用模型、实物,重视现代教育技术在教学中的应用,理论联系实际,启迪学生的科学思维。实践教学中验证性试验与技能训练相结合,以实际操作为主,着重学生技术应用能力的形成与发展。

教学活动可根据内容特点在专业教室或实训基地进行。

(三)教学考核评价建议

按照"加强基础、培养能力、提高素质、突出创新"的思路,改革考核的内容、形式和评价体系。综合运用实际操作、小组配合、问题检索相结合的考核形式。

多位一体的综合评定方式,将过程性评价和终结性评价相结合、知识性评价和技能性评价相结合,具体考核评价方法是:以小组为单位,结合个人在小组中的表现,采用过程考核的方式进行评价,如表2-7所示。

考核评价表 表2-7

考核内容	考核对象	分值
考勤	个人	10
小组管理	班组	10
小组操作(过程性考核)	自学检索能力15分,班组配合15分	30
作业	个人	10
期末抽考(实操+口试)	个人	40
合计		100

(四)课程资源的开发与利用

我院现在共有2个电工电子实验室,天煌实验台6个,三向实验台12个;电气实验室1个,电力拖动设备14台,各种工具、仪表、元器件、实训电路板等能够满足学生试验实训要求。

另外,正在筹建大型电工电子实验室,已购设备有:网孔电工实验台30台、中级电工考核实验台 20 台、高级电工技师考核实验台 15 台。另有一个虚拟仿真实验室和一个电工电子实验室已经验收,即将投入使用。

学院有充足的网络教学资源,图书馆、办公室、计算机网络中心、汽车与机电学院的网络虚拟实验室均接通了互联网,教师和学生都可以利用网络资源进行教学互动。

学院图书馆的各种图书资料齐全,如中国数字图书馆、中国期刊网、维普数据库等,为学生主动学习提供了极为丰富的扩充性资料,并有效地促进了学生主动学习的效果。

课程4　电子技术

课程名称：电子技术
课程性质：机电平台课程
建议学时：32 学时
适用专业：电气化铁道技术

一、前言

（一）课程定位

电子技术是机电类专业的专业基础课，它涵盖了模拟电子技术和数字电子技术，是一门实用性很强的应用型课程。本课程通过对基本理论与实践教学，要求学生掌握电子技术方面的基础理论、基本知识，并具备对基本电子电路分析、安装、调试、检测的能力，为进一步学习专业课程，提高专业技能以及今后从事实际工作奠定必要的基础。

（二）教学设计思路

本课程以模块化为基本点，遵循高职学生的认知规律以及电路电子课程的特点，强调实用性，突出行业岗位实用能力培养，坚持区域性特色，以岗位能力选择相关知识点、技能点，形成理论与实践、知识与技能相统一的课程模式。

其中，"知识"以够用、适度为度，但应具有可持续发展性；"技能"主要指对行业技术规范、标准、手册与行业生产技术成果的实际应用能力；"态度"主要指通过课堂、实训等教书育人活动培养学生在实际行动中体现出来的能下到生产一线，全心全意长期从事一线岗位技术工作并做出较大贡献的基本态度。

二、课程目标

（一）知识目标

（1）初步掌握常用电子器件。

（2）掌握基本放大电路基础，了解多级放大器、功率放大器。

（3）掌握集成运算放大器及其应用。

（4）掌握稳压电源的工作原理。

（5）理解组合逻辑电路的设计分析。

（6）掌握触发器的原理及运用。

（7）掌握 555 集成定时器的工作原理及应用。

（二）能力目标

（1）掌握电子仪器设备使用与基本电子元器件测试。

（2）能独立完成直流稳压电源电路安装与测试。

（3）能完成单管放大电路与基本集成运算放大电路的安装与测试。

（4）掌握分析基本逻辑电路的能力。

（5）知道基础触发器、555 定时器电路的应用。

（6）会制作简单的基础电子产品。

（7）掌握职业操作规范的能力。

三、课程内容与要求

课程内容与要求如表 2-8 所示。

电子技术课程内容与要求　　表 2-8

序号	工作项目	能力要求	实验参考	教学设计	参考学时
1	模块一 直流稳压电源	**知识：** 1. 掌握二极管原理与特性； 2. 掌握单相整流滤波电路原理； 3. 了解稳压电路工作原理； 4. 理解直流稳压电源的整体工作过程 **技能：** 1. 能分辨晶体二极管的类型，会用万用表检测二极管的好坏、方向； 2. 会进行整流电路的连接与分析； 3. 会使用示波器检测相应波形	**必做：** 1. 万用表检测二极管； 2. 整流电路的连接与检测； 3. 直流稳压电源的调试与测试 **选做：** 直流稳压电源的焊接制作	1. 学生分组； 2. 以实物为载体进行原理讲解（分组）； 3. 熟悉实验台； 4. 仿真软件讲解并使用； 5. 分组试验，记录数据； 6. 以小组为单位汇报与总结	6
2	模块二 基本放大电路	**知识：** 1. 掌握三极管原理与特性； 2. 掌握共发射极放大电路的分析； 3. 理解多级放大电路的耦合方式及特点； 4. 了解差分放大电路、负反馈放大电路、功率放大电路的性能分析 **技能：** 1. 能分辨晶体三极管的类型，会用万用表检测三极管的好坏、类型、放大倍数； 2. 会找静态工作点，并使用示波器辅助调节消除失真	**必做：** 1. 万用表检测三极管； 2. 基本放大电路放大性能的验证 **选做：** 简易音响的焊接制作	1. 学生分组； 2. 知识点讲解（仿真软件讲解）； 3. 熟悉试验台； 4. 分组进行试验（仿真或者试验）； 5. 分组讨论与总结	8

续上表

序号	工作项目	能力要求	实验参考	教学设计	参考学时
3	模块三 集成运算放大器	**知识：** 1. 掌握集成运算放大器的典型应用电路； 2. 了解加减法运算电路功能； 3. 了解电压比较器功能 **技能：** 掌握集成运算放大电路的管脚排列与使用方法	**必做：** 集成运放典型电路的连接 **选做：** 由集成运算放大器组成的电压比较器测试	1. 学生分组； 2. 以实物为载体进行原理讲解（分组）； 3. 熟悉实验台； 4. 仿真软件讲解并使用； 5. 分组试验，记录数据； 以小组为单位汇报与总结	4
4	模块四 组合逻辑电路	**知识：** 1. 掌握组合逻辑门电路的原理； 2. 掌握组合逻辑电路的分析与设计 **技能：** 1. 能准确分析组合逻辑电路的功能； 2. 能根据实际需要设计组合逻辑电路； 3. 能绘制波形图	**必做：** 1. 组合逻辑门电路的连接与验证； 2. 组合逻辑门电路的设计 **选做：** 投票器的焊接制作	1. 学生分组； 2. 以实物为载体进行原理讲解； 3. 仿真软件讲解并使用； 4. 认识数字电路试验台； 5. 分组试验，记录数据； 6. 以小组为单位汇报与总结	6
5	模块五 触发器	**知识：** 1. 能理解触发器的概念、原理、作用； 2. 能理解基本 RS 触发器、JK 触发器、D 触发器的逻辑功能 **技能：** 拥有触发器的逻辑功能的系统分析能力	**必做：** 触发器的连接与逻辑分析 **选做：** 3 路抢答器的焊接制作	1. 学生分组； 2. 以实物为载体进行原理讲解（分组）； 3. 仿真软件讲解并使用； 4. 分组试验，记录数据； 5. 以小组为单位汇报与总结	4
6	模块六 555 集成定时器	**知识：** 1. 能理解 555 集成定时器的工作原理、作用； 2. 认识 555 集成定时器的管脚排列与使用方法； 3. 掌握调试的一般方法，进一步熟练测量工具的使用 **技能：** 拥有 555 集成定时器的逻辑功能的系统分析能力	**必做：** 555 集成定时器的分析与管脚测试 **选做：** 发射器与接收器的焊接制作	1. 学生分组； 2. 以实物为载体进行原理讲解（分组）； 3. 仿真软件讲解并使用； 4. 分组试验，记录数据； 5. 以小组为单位汇报与总结	4
合计					32

四、实施建议

（一）教材选用和编写建议

1. 教材选用

本课程主要使用教材为机械工业出版社出版、阮立志、裴咏枝主编的高职高专“十一五”

机电类专业规划教材《电子技术基础》；参考教材为高等教育出版社、人民交通出版社、电子科技大学出版社等出版的全国高等职业教育规划教材，以此为依据编写教案和讲义。

实践部分主要以电机拖动实验台为主要设备，配以实验实训必备的工具、电子元器件、测量仪器。试验、实训教案以配套试验、实训指导书为依据，根据实际情况自编教案，进行实训教学。

2. 教材编写原则与要求

高职高专职业院校课程采用一体化模式组织教学已经成为共识。教学环境和工作环境之间相互转化，力求达到使学生所学即所用。针对电子技术的教学遵循理实比例1∶1 的大方向。新教材应本着够用原则，在内容上更加适合学生的认知水平和认知规律，组织形式上体现工作过程的系统化。

3. 教学参考资料使用建议

建议采用多元化方式选择，不仅仅局限于书本和实验台，更应充分利用网络资源。紧密了解行业的发展动向，随时关注新兴的电子类事件，定期提高教师自身的认识。

（二）教学建议

教师在教学中应选用灵活多样的教学方式，可采用多媒体教学手段，制作教学、试验用课件，充分发挥多媒体教学形式多样、信息量大、形象直观的优势，提高教学效率。采用电子仿真软件技术实现软硬结合，强化实践效果，同时将课堂教学与实践紧密结合，在内容上要突出重点，深入浅出，结合教学内容，培养学生独立学习的习惯，努力提高学生的自学能力、动手能力与创新精神，重视对学生学习方法的指导。

试验条件保障，依托优越的实践教学环境、设施、仪器和设备等条件。在实践教学环节，为培养学生对知识理解、知识综合应用和创新实践能力，由教师命题，让学生自主实践、安装、检测完成试验、实训任务，最大程度地为学生提供自主完成任务的机会。

（三）教学考核评价建议

电子技术为考试课，对学生的考核采用定量方式评价教学成果，即平时成绩、理论考核成绩与实训考核成绩相结合的模式，并采取教考分离的考试形式。

（1）课程平时考核内容（占总成绩的 10%）：对学生预习情况、试验操作情况、完成试验报告情况、考勤情况以及遵守实验室规章制度情况进行考核。

（2）课程理论考核内容（占总成绩的 40%）：以理论问答或者理论卷面的考试形式全面考核课程内容中要求掌握的基本知识、基本理论。书写认真、对电子元件特性原理回答正确者为优秀；其他根据具体情况分为良、及格；有严重错误，书写不认真、不正确、不完整、不按时完成者为不及格。

（3）综合实训考核内容（占总成绩的 50%）：全面考核学生对实训项目完成情况。根据要求正确画出电路图，接线正确，仪器使用正确，基本操作符合要求，一次试车成功成绩为优；能独立分析处理故障，二次试车成功成绩为良好；三次试车成功成绩为及格；不能画出电路图及四次以上试车成功成绩为不及格。

（四）课程资源的开发与利用

（1）积极开发和利用校园网络课程资源，充分利用诸如电子书籍、电子期刊、数据库、数字图书馆、教育网站和电子论坛等网上信息资源，使教学手段和教学方法多样化，提高学生学习兴趣。

(2)在实操实训过程中,利用仿真教学环境和仿真教学软件优化教学过程,提高教学质量和效率。

(3)建立学习资料库,推荐国内与专业有关的网站地址,积极引导与培养学生自主学习、资料查询等能力。

(4)主讲教师根据本课程标准制订具体的授课计划。

课程 5　照明电路系统设计与制作

课程名称:照明电路系统设计与制作
课程性质:机电平台课程
建议学时:48 学时
适用专业:电气化铁道技术

一、前言

(一)课程定位

本课程是我校机电类专业的一门专业基础核心课程。以电工基础、电子技术基础的所有理论知识点为基础,着重强调电工电子实践性设计与制作。本课程通过理论与实践结合的教学模式,难度层层递进,最终要求学生拥有设计电路与排除电路故障的能力。本课程实践性强,课程背景广阔,在整个专业课程体系中起着承上启下的作用,是任何电学课程不能替代的。

(二)教学设计思路

按照"以能力为本位,以职业实践为主线,以项目课程为主体的模块化专业设计课程体系"的总体设计要求,该门课程以形成电工电路设计、制作、测试与调试等能力为基本目标,彻底打破学科课程的设计思路,紧紧围绕工作任务完成的需求来选择和组织课程内容,突出工作任务与知识的联系,让学生在职业实践活动的基础上掌握知识,增强课程内容与职业岗位能力要求的相关性,提高学生的就业能力。

学习项目选取的基本依据是该门课程涉及的工作领域和工作任务范围,但在具体设计过程中,以机电一体化专业学生的就业为向导,同时遵循高等职业院校学生的认知规律,紧密结合职业资格证书中相关考核内容,确定本课程的工作任务模块和课程内容。

为了充分体现任务引领、实践导向课程思想,使工作任务具体化,产生具体的学习项目。其编排依据是该职业所特有的工作任务逻辑关系,而不是知识关系、工作任务完成的需要、高等职业院校学生的学习特点和职业能力形成的规律、各学习项目的内容总量以及在该课程中的地位分配各学习项目的课时数。学习程度用语主要使用"了解"、"理解"、"能"、"会"等来表述。"了解"用于表述事实性知识的学习程度,"理解"用于表述原理性知识的学习程度,"能"或"会"用于表述技能的学习程度。

二、课程目标

(一)知识目标

(1)正确识读照明电路中的电气图形符号,了解其他常用电气图形符号。

(2)掌握各个电气原件的原理和作用。
(3)读懂日光灯电路和日光灯电路原理图。
(4)了解启辉器和镇流器在电路中的作用。
(5)掌握双控电路原理图。
(6)掌握照明电路装配图。
(7)会进行简易的电路计算。
(8)掌握交流电路基本计算方法。
(9)了解照明电路的布线工艺。
(10)能自主设计制作完整的照明电路并安装。
(11)掌握安全用电的规则。

(二)能力目标

(1)会剖削几种常见的导线。
(2)掌握几种常见导线的接线方法。
(3)掌握根据设计选择线材的方法。
(4)能用万用电表检查和维修电路。
(5)能画出照明电路原理图和装配图。

三、课程内容与要求

课程内容与要求如表2-9所示。

照明电路系统设计与制作课程内容与要求　　表2-9

序号	工作项目	能力要求	工作步骤	活动设计	参考学时
1	项目一电工基本操作技能	**知识:** 1. 掌握常用电工工具的作用及使用注意事项; 2. 掌握安全用电知识。 **技能:** 识别常用电工工具,并能熟练使用常用电工工具	常用电工工具的使用	1. 常用电工工具的使用; 2. 导线绝缘层的剖削; 3. 导线的连接; 4. 电工安全技术操作规程	2
2	项目二一居室家用照明系统的设计与安装	**知识:** 1. 自主设计室内照明电路系统; 2. 会进行照明电路的简单计算; 3. 了解常用电工材料; 4. 学会识别使用电器元器件; 5. 掌握一控一照明电路的工作原理; 6. 了解常用电工材料; 7. 了解导线的绝缘恢复;	1. 项目分析; 2. 设计电路; 3. 电路仿真	1. 认识基本电气元件的构造和电路连接; 2. 认识一控一灯电路连接及电路图; 3. 认识两控一灯一插座电路连接及电路图; 4. 认识照明电路平面施工图; 5. 根据任务绘制电路原理图及照明电路平面施工图; 6. 进行电路仿真	18

续上表

序号	工作项目	能力要求	工作步骤	活 动 设 计	参考学时
2	项目二一居室家用照明系统的设计与安装	8. 了解照明灯具安装的基本原则； 9. 掌握二控一照明电路的工作原理； 10. 掌握交流电路基本计算方法。 **技能：** 1. 了解元件的定位和线路的安装； 2. 了解电路的通电检测与测试； 3. 学会识别使用电器元器件； 4. 会根据原理图画装配图； 5. 会根据设计选择线材； 6. 会根据装配图安装电路； 7. 会排除电路故障	1. 工具、材料准备； 2. 元器件安装； 3. 电路连接	1. 选择照明电路安装所需工具； 2. 根据所设计电路图选用导线、元器件和导线； 3. 在安装板上固定配电部分元器件； 4. 固定照明电路其余元器件； 5. 进行配电盘内总线的布线； 6. 按照照明电路平面图进行布线	18
			1. 电路安全检查； 2. 电路调试优化； 3. 项目总结	1. 利用万用表等工具检验元器件； 2. 进行电路安全检查； 3. 通电并进行电路检修和排故； 4. 对电路进行优化； 5. 进行相应计算并写出项目报告	
3	项目三两室一厅家用照明系统的设计与安装	**知识：** 1. 自主设计室内照明电路系统； 2. 会进行照明电路的简单计算 **技能：** 1. 能根据照明电路的原理图和安装图正确安装电路； 2. 能根据设计选择线材，熟练掌握导线的剖削和连接方法及照明元器件的安装和接线； 3. 能排除照明电路的故障	1. 项目分析； 2. 设计电路； 3 电路仿真	1. 接受任务并分析； 2. 根据任务绘制两室一厅家庭照明电路系统图、平面布置图和控制原理图； 3. 对家用照明电路进行配电设计； 4. 进行电路仿真	14
			1. 工具、材料准备； 2. 元器件安装； 3. 电路连接	1. 选择照明电路安装所需工具； 2. 根据所设计电路图进行计算并选用导线、元器件和导线； 3. 在安装板上固定配电部分元器件； 4. 固定照明电路其余元器件； 5. 进行配电盘内总线的布线； 6. 按照照明电路平面图进行布线	
			1. 电路安全检查； 2. 电路调试优化； 3. 项目总结	1. 利用万用表等工具检验元器件； 2. 进行电路安全检查； 3. 通电并进行电路检修和排故； 4. 对电路进行优化； 5. 进行相应计算并写出项目报告	

续上表

<table>
<tr><th>序号</th><th>工作项目</th><th>能力要求</th><th>工作步骤</th><th>活动设计</th><th>参考学时</th></tr>
<tr><td rowspan="3">4</td><td rowspan="3">项目四
二层楼家用照明系统的设计与安装</td><td rowspan="3">知识：
1. 自主设计室内照明电路系统；
2. 会进行照明电路的简单计算
技能：
1. 能根据照明电路的原理图和安装图正确安装电路；
2. 能根据设计选择线材，熟练掌握导线的剖削和连接方法及照明元器件的安装和接线；
3. 能排除照明电路的故障</td><td>1. 项目分析；
2. 设计电路；
3. 电路仿真</td><td>1. 接受任务并分析；
2. 对楼层配电箱进行配电设计；
3. 根据任务绘制两室一厅家庭照明电路系统图、平面布置图和控制原理图；
4. 进行电路仿真</td><td rowspan="3">14</td></tr>
<tr><td>1. 工具、材料准备；
2. 元器件安装；
3. 电路连接</td><td>1. 选择照明电路安装所需工具；
2. 根据所设计电路图进行计算并选用导线、元器件和导线；
3. 在安装板上固定配电部分元器件；
4. 固定照明电路其余元器件；
5. 进行配电盘内总线的布线；
6. 按照照明电路平面图进行布线</td></tr>
<tr><td>1. 电路安全检查；
2. 电路调试优化；
3. 项目总结</td><td>1. 利用万用表等工具检验元器件；
2. 进行电路安全检查；
3. 通电并进行电路检修和排故；
4. 对电路进行优化；
5. 进行相应计算并写出项目报告</td></tr>
<tr><td colspan="5">合计</td><td>48</td></tr>
</table>

四、实施建议

(一)教材选用和编写建议

1. 教材选用

本课程主要以教师自制讲义为主，以教师自制的任务书为辅，结合自制课件进行教学。其次参考实验设备的使用指导书，加入网络资料完善实训项目设计。参考教材为赵福忠主编，中国劳动社会保障出版社出版的技工院校一体化地方特色教材《照明线路安装及室内布线》。

2. 教材编写原则与要求

本课程主要实现教学环境和工作环境之间相互转化，力求达到让学生所学即所用。新教材应该从实际出发，满足设计制作步骤中够用原则，在内容上更加适合学生的认知水平和认知规律；组织形式上充分体现工作过程的系统化。教材应该以实训指导为主要内容，区分每个项目的知识点和技能点，保证实训难度逐渐上升。

3. 教学参考资料使用建议

建议采用多元化方式选择，不仅仅局限于书本和试验台，更应该投入到网络中去。紧密了解行业的发展动向，随时关注新兴的电子类事件，定期提高教师自身的认识。

(二)教学建议

以“项目为主线，任务为主题”，采用“项目导向，任务驱动”相结合的教学模式，实现教、学、做、练一体化。为加强学生创造思维和工程技术素质的培养，根据学生个性特点与发展需要，本课程可灵活采用全班学习、分组学习等学习形式，也可以组建课外兴趣小组进行知识拓展学习。以照明电路的安装为主线，以电工工具、仪表的正确使用为基础，设计课程的教学项目。依托电工实训室，按照实际生产要求，将各项标准化、规范化的操作方法融入实作训练中，培养学生的实践技能、工程素质以及岗位适应能力。教学过程中，有针对地运用多媒体教学、实物教学、现场教学、网络教学等多种教学手段优化课堂教学过程，激发学生的热情和积极性，充分发挥学生的主体作用。

(三)教学考核评价建议

课程考核总成绩由考勤成绩、实训表现、实训项目成绩、报告成绩和安全及综合考核五项成绩组成。以五项平均成绩为主，重点考核实作项目报告成绩并综合评定。考勤评定标准如下：

1. 考勤成绩(占总成绩的10%)

全勤，并严格遵守实训室各项规定为优秀。

有迟到、早退行为者，2次内为良，4次内为及格，4次以上为不及格。

有旷课行为者为不及格，请假超过实训总时间1/3以上者为不及格。

2. 实训表现(占总成绩的10%)

根据实训中积极参与情况、学习态度、团结协作、遵守纪律、爱护公物等情况分为优、良、及格、不及格。有擅自动电源开关及其他严重违纪者为不及格；虽按时出勤但不参与实训者为不及格。

3. 实训项目成绩(占总成绩的40%)

根据要求正确画出电气接线图、梯形图，接线正确，基本操作符合要求，一次试车成功成绩为优；能独立分析处理故障，二次试车成功成绩为良好；三次试车成功成绩为及格；不能画出电气接线图及四次以上试车成功成绩为不及格。

4. 项目报告成绩(占总成绩的30%)

按时完成报告、书写认真、正确规范、完整实训小结，结合实际者为优秀；其他根据具体情况分为良、及格；有严重错误，书写不认真、不正确、不完整、不按时完成者为不及格。

5. 安全及综合考核(占总成绩的10%)

熟记安全操作规程，通过安全考试并严格执行、正确回答综合考核提问者为优秀；其他视情况为良好、及格；没有通过安全考试者为不及格。

(四)课程资源的开发与利用

(1)积极开发和利用校园网络课程资源，充分利用诸如电子书籍、电子期刊、数据库、数字图书馆、教育网站和电子论坛等网上信息资源，使教学手段和教学方法多样化，提高了学生学习兴趣。

(2)在实操、实训过程中，利用仿真教学环境和仿真教学软件优化教学过程，提高教学质量和效率。

(3)建立课外兴趣小组，积极引导与培养学生自主学习、资料查询等能力。

课程 6　多路抢答器设计及制作

课程名称：多路抢答器设计及制作
课程性质：机电平台课程
建议学时：32 学时
适用专业：电气化铁道技术

一、前言

进入 21 世纪越来越多的电子产品出现在人们的日常生活中，例如企业、学校和电视台等单位常举办各种智力竞赛，抢答记分器是必要设备。过去在举行的各种竞赛中我们经常看到有抢答的环节，举办方多数采用让选手通过举答题板的方法判断选手的答题权，这在某种程度上会因为主持人的主观误断造成比赛的不公平性。于是，人们开始寻求一种能不依人的主观意愿来判断的设备来规范比赛。因此，为了克服这种现象的惯性发生人们利用各种资源和条件设计出很多的抢答器，从最初的简单抢答按钮，到后来的显示选手号的抢答器，再到现在的数显抢答器，其功能在一天一天的趋于完善，不但可以用来倒计时抢答，还兼具报警，计分显示等功能，有了这些更准确地仪器使得我们的竞赛变得更加精彩纷呈，也使比赛更突显其公平公正的原则。

（一）课程定位

多路抢答器设计及制作是机电工程学院几个专业公共的机电平台课程，是一门重要的专业技术基础课，具有较强实践性，在后续课程的学习和人才培养过程中起着十分重要的作用。

通过本课程的学习，强化学生对电子技术的基本理论、基本技能理解和灵活运用，使学生能够具有一定分析和解决实际生活生产中电子类相关技术问题的能力，了解电子事业的最新发展和应用前沿，为后续课程的学习以及从事专业的技术工作打下一定的基础，从而进一步培养学生的工程意识、创新能力和全面的专业素质。

（二）教学设计思路

本课程设计以数字电路抢答器为载体，从简单到复杂以递进的关系选择了 3 个工作项目，分别是 2 路抢答器的设计与制作、4 路抢答器的设计与制作、8 路抢答器的设计与制作，以满足个别专业 32 学时的教学要求，另设计一个基于 PLC 的 8 路抢答器，与数字电子的 8 路抢答器做的比较，同时可以满足其他专业 48 学时的教学要求或作为学生的选做项目。

各个工作项目的实施基于同一工作流程：

任务分析→元件选型→电路设计→制图仿真→元件购买→电路焊接→参数测试→评定等级。

可借助PPT或视频进行任务说明,任务分析与实施阶段采用分组收集资料、讨论、老师引导、学生为主的教学方法,学生借助仿真软件逐步明确抢答器电路的设计思路,通过抢答器设计的案例教给学生设计电路的通用方法;采用仿真、视频等手段化解教学难点;利用作业系统当堂提交作业并由学生进行作业仿真演示,检验教学目标完成情况。

二、课程目标

(一)知识目标

(1)回顾所学数字电子技术的基础理论和基础实验。

(2)熟悉优先编码器、触发器、计数器、单脉冲触发器、555电路、译码/驱动电路的应用方法。

(3)掌握组合电路、时序电路、开关阵列电路的工作原理。

(4)初步掌握一般电子线路分析的基本方法。

(5)熟悉组合电路、时序电路、任意集成电路的综合使用及设计方法。

(6)了解电子产品设计与制作的一般过程。

(7)了解PCB布线的基本原则和方法。

(8)掌握一般电子线路装配的基本方法。

(二)能力目标

(1)以小组合作的方式有效地收集、查阅及整理学习资料,并交流讨论,培养学生自学、阅读、表达、交流协作等方法能力与社会能力。

(2)根据任务要求和实际情况,制订小组工作计划,协商制订出完成本课题较为完善的解决方案,培养学生的沟通协作、解决问题等方法能力和社会能力。

(3)根据制订的方案做好任务实施准备,包括列出所需设备清单,元器件的选择与购买,培养学生的职业素养和执行能力。

(4)正确选用元器件并使用万用表检测元器件的好坏。

(5)能根据任务要求,绘制正确的电路原理图,强化学生对Proteus软件的应用以及设计电路的能力。

(6)强化学生利用仿真软件Proteus对所设计的电路进行模拟仿真与调试的能力。

(7)通过面包板的制作,锻炼学生焊接电路与制板的能力。

(8)正确规范使用焊接工具装配电路。

(9)能够进行简单电子产品的制作、维护、故障诊断、检查调试和维修作业。

(10)通过成果展示,锻炼学生的表达能力、论文写作能力、PPT制作能力。

(11)在项目完成过程中形成“6S”现场管理和安全环保意识。

(三)素质目标

(1)提高学生分析问题和解决问题的能力。

(2)培养学生的科学思维能力、创新能力,能够独立完成规定的工作任务,具有一定的分析解决实际问题的能力,以满足学生毕业后从事本专业领域工作岗位的需要。

(3)培养学生的团队合作精神、语言表达能力、决策能力、自学能力、客观评价能力、竞争意识、可持续发展能力等职业综合素质,为以后从事专业工作奠定基础。

三、课程内容与要求

本课程是对电子技术课程知识和技能的强化训练,教学内容要在加深知识理解和应用的基础上,锻炼学生的动手操作能力和实践应用能力,详见表2-10。

多路抢答器设计及制作课程内容与要求 表2-10

<table>
<tr><th>序号</th><th>工作项目</th><th>能力要求</th><th>工作步骤</th><th>活动设计</th><th>参考学时</th></tr>
<tr><td>1</td><td>2路抢答器制作</td><td>知识:
1.学习使用Proteus软件;
2.使学生掌握74LS00的用法和RS触发器电路的构成和工作特性;
3.学习仿真软件的应用。
技能:
1.熟悉Proteus软件的应用;
2.能够应用与非门和触发器设计2人抢答器,并绘制出电路图进行仿真;
3.训练学生的动手能力,培养独立解决问题的能力</td><td>1.项目分析;
2.提出抢答器制作要求;
3.材料、工具准备;
4.抢答器电路焊接;
5.电路检测调试;
6.成果展示汇报;
7.点评</td><td>1.提出项目设计的目的和要求;
2.获取资讯、选择需要的材料与工具;
3.讨论、分析电路原理,形成设计初稿;
4.观看PPT,学习Proteus软件,绘制电路图;
5.对设计进行仿真与调试;
6.焊接电路板;
7.电路检测与调试;
8.撰写总结报告;
9.成果展示与评比</td><td>8</td></tr>
<tr><td>2</td><td>4路抢答器制作</td><td>知识:
1.熟悉各个芯片的功能及其各个管脚的接法;
2.弄懂各部分的工作原理及作用;
3.了解竞赛抢答器的工作原理及其结构;
4.熟悉仿真软件的应用。
技能:
1.能够选择合适的电气元件;
2.锻炼面包板搭接电路技术;
3.学习调试系统电路,提高实验技能</td><td>1.项目分析;
2.提出抢答器制作要求;
3.材料、工具准备;
4.抢答器电路焊接;
5.电路检测调试;
6.成果展示汇报;
7.点评</td><td>1.提出项目设计的目的和要求;
2.获取资讯、选择需要的材料与工具;
3.讨论、分析电路原理,形成设计初稿;
4.练习使用Proteus软件,绘制电路图;
5.对设计进行仿真与调试;
6.焊接电路板;
7.电路检测与调试;
8.撰写总结报告;
9.成果展示与评比</td><td>8</td></tr>
<tr><td>3</td><td>8路抢答器制作</td><td>知识:
1.掌握各个芯片的功能及其各个管脚的接法;
2.熟知各部分的工作原理及作用;
3.掌握竞赛抢答器的工作原理及其结构;
4.熟练仿真软件的应用。
技能:
1.运用所学数字电子电路的知识进行理论设计、安装调试、后期制作、分析总结等环节;
2.掌握面包板搭接电路技术</td><td>1.项目分析;
2.提出抢答器制作要求;
3.材料、工具准备;
4.抢答器电路焊接;
5.电路检测调试;
6.成果展示汇报;
7.点评</td><td>1.提出项目设计的目的和要求;
2.获取资讯、选择需要的材料与工具;
3.讨论、分析电路原理,形成设计初稿;
4.练习使用Proteus软件,绘制电路图;
5.对设计进行仿真与调试;
6.焊接电路板;
7.电路检测与调试;
8.撰写总结报告;
9.成果展示与评比</td><td>8</td></tr>
</table>

续上表

序号	工作项目	能力要求	工作步骤	活动设计	参考学时
4	PLC控制8路抢答器制作	**知识：** 1. 熟悉编程器及STEP-7的使用方法，掌握输入\输出、定时器\计数器、微分、保持继电器等常用指令的功能和编程方法； 2. 理解联锁、跳转、数据比较、数据位移、数据传送、数据转换、运算等指令的功能，掌握其使用方法； **技能：** 1. 熟练应用PLC，能够做出程序流程图； 2. 提高在电子技术方面的实践技能和科学作风，学习掌握工程设计的方法和组织实践的基本技能	1. 项目分析； 2. 提出抢答器制作要求； 3. 材料、工具准备； 4. 抢答器电路焊接； 5. 电路检测调试； 6. 成果展示汇报； 7. 点评	1. 提出项目设计的目的和要求； 2. 获取资讯、选择需要的材料与工具； 3. 讨论、分析电路原理，形成设计初稿； 4. 练习使用Proteus软件，绘制电路图； 5. 对设计进行仿真与调试； 6. 焊接电路板； 7. 电路检测与调试； 8. 撰写总结报告； 9. 成果展示与评比	8
合计					32

四、实施建议

(一)教材选用和编写建议

1. 教材选用

本课程主要使用教材为机械工业出版社出版的高职高专“十一五”机电类规划教材《电子技术基础》；参考教材为高等教育出版社、人民交通出版社、电子科技大学出版社等出版的全国高等职业教育规划教材，以此为依据编写教案和讲义。

2. 教材编写原则与要求

教材应该体现对学科知识的系统把握，体现对工作过程系统化为导向的教学改革的深刻体会。

教材应该具有以下几个特点。

(1)内容的选择以市场需求和工作过程为导向，以培养具备从事制造企业电子类产品的安装、调试、维修的专业技能，并具有一定的电子产品开发与制作能力和初步的生产作业管理能力的高素质技能型人才为目标。

(2)以任务引领、项目驱动为教学内容的编写策略，把曾经系统、烦琐、难以理解的理论知识通过实践项目分解开来，使学生易于了解与掌握。

(3)教材的项目包含着完整的任务的操作过程，使学生可以一步步完成任务，并通过不同项目实践的反复训练提高学生对工作过程的掌握程度。

3. 教学参考资料使用建议

(1)张志良，《电子技术基础》，机械工业出版社，2009年出版。

(2)付植桐，《电子技术》，高等教育出版社，2016年出版。

(3)孙红英，《电工电子基础与电力电子技术》，人民交通出版社，2013年出版。

网络上有很丰富的资源以供学生学习参考，我们也有仿真实验室可以让学生上网查阅资料获取资讯，或学生可使用手机进行资料查询，另学院图书馆的各种图书资料齐全，如中国数字图书馆、中国期刊网、维普数据库等，为学生主动学习提供了极为丰富的扩充性资料，并有效地促进了学生主动学习的效果。

(二)教学建议

教师在教学中应选用灵活多样的教学方式，充分发挥多媒体及网络教学形式多样、信息量大、形象直观的优势，提高了教学效率。

采用仿真软件技术实现软硬结合，强化实践效果，同时将课堂教学与实践紧密结合，在内容上要突出重点，深入浅出，培养学生独立学习的习惯，努力提高学生的自学能力、动手能力与创新精神，重视对学生学习方法的指导。

在实践教学环节，为培养学生对知识理解、知识综合应用和创新实践能力，由老师命题，让学生自主实践、设计、安装、检测完成实验、实训任务。最大程度地为学生提供自主完成任务的机会。

(三)教学考核评价建议

考核评分标准如表2-11所示

考 核 评 分 标 准 表2-11

考核项目		评分标准	分值
任务知识		掌握电路的工作原理	15
		掌握电路工作特性	15
操作技能	电路的仿真	能运用仿真软件建立与调试电路，能根据结果得出正确的结论	15
	电路制作	能在面包板上制作和调试电路，并进行故障排除得出正确的测试结果	25
	安全操作	安全用电，按章操作，遵守实训室管理制度	5
	现场管理	按4S企业管理体系要求，进行现场管理	5
平时成绩	平时表现	出勤、作业、课堂答问等	20
合计			100

(四)课程资源的开发与利用

(1)积极开发和利用校园网络课程资源，充分利用诸如电子书籍、电子期刊、数据库、数字图书馆、教育网站和电子论坛等网上信息资源，使教学手段和教学方法多样化，提高学生学习兴趣。

(2)在实训过程中，利用仿真教学环境和仿真教学软件优化教学过程，提高教学质量和效率。

(3)建立学习资料库，推荐国内与专业有关的网站地址，积极引导与培养学生自主学习、资料查询等能力。

第三部分

控制平台课程标准

课程7 C语言与单片机

课程名称:C 语言与单片机
课程性质:控制平台课程
建议学时:48 学时
适用专业:电气化铁道技术、机电一体化技术、城市轨道交通工程技术

一、前言

课程定位

C 语言与单片机是电气化铁道技术专业的重要专业课程。涉及单片机的原理结构、硬件设计、软件编程、调试运行等专业知识。该课程实践性很强,学好这门重要的专业课,对学生今后从事自动化生产设备安装调试、维护维修等职业技能工作,将起到十分重要的作用,因此,国内外高校都非常重视本课程的教学工作。

C 语言与单片机是我院电气、机电、铁电专业的核心课程,本课程落实“强化实践、重在应用”,着重“职业能力”培养的指导思想,打破传统课程模式,实现理论和实践教学的有机融合,构建以工作任务为中心、以实训教学为主体的高职课程模式。积极与自动化行业合作开发课程,根据技术领域和职业岗位(群)的任职要求,参照职业资格标准,改革课程体系和教学内容。建立突出职业能力培养的课程标准,规范课程教学的基本要求,提高课程教学质量。以电气、机电、铁电行业对生产过程职业技能需求为导向进行课程设置,采用项目教学法进行课程教学,项目完成过程就是教学过程,就是厂内自动化技术人员工作过程的基本内容,构建新的实践化课程体系,确保教学内容的合理性、实用性、先进性和可实施性。本课程实训教学全部在单片机实验室进行,学生在实践过程中学习知识、训练技能、掌握技术。

C 语言与单片机采用理论够用,突出应用教学法,加强学生实践技能的培养,使学生基本具备单片机的硬件设计、软件编程、调试运行等职业技能,为胜任制造业自动化设备,生产过程自动化的维护维修等工作奠定坚实的技术基础。达到具备小项目的自主开发,协助大项目研发的基本素质。注重培养学生的创新意识、分析和解决实际问题的能力,养成学生的工程道德观念,建立工程敬业精神和团队合作精神。

二、课程目标

通过本课程的学习,使学生掌握单片机原理的基本知识、智能化仪器仪表设计的基本方法、系统程序设计软、硬件调试的基本技能,培养学生科学思维和分析、解决工程实际问题的基本能力和素质,为以后的工作打下坚实的专业基础。

1. 能力目标

(1)能利用单片机原理解释单片机技术在电子和自动控制工程中的应用实例。
(2)具有较好的逻辑思维能力。
(3)具有一定的分析问题、解决问题的能力和动手实践能力。

2. 知识目标

(1)了解单片机的发展。
(2)了解单片机相关的基本术语。
(3)了解单片机 C 语言编程时开发工具的使用流程。
(4)熟悉单片机的原理与结构及与之相关的外围电路。
(5)掌握单片机 C 语言编程方法。
(6)掌握单片机原理及其片内资源结构、接口技术。
(7)掌握单片机应用系统开发、设计的基本技能。

三、课程内容与要求

本课程的理论教学内容是必修内容。
对理论知识的教学要求分为了解、理解、掌握 3 个层次。
(1)了解:对知识有初步和一般的认识,知道“是什么”。
(2)理解:能够领会基本概念、基本理论的含义,能够解释和说明一些简单的问题。
(3)掌握:能够熟练地运用知识,分析和解决一些具体问题。
教学内容和教学要求如表 3-1、表 3-2 所示。

C 语言与单片机课程内容与要求(一) 表 3-1

教学内容	教学要求		
	了解	理解	掌握
一、微型机的基础知识			
1. 计算机基础知识	√		
2. 鼠标、键盘的使用			√
二、单片机设计入门			
1. 单片机的产生与发展	√		
2. 常用单片机简介	√		
3. 单片机开发工具简介			√
三、51 系列单片机的基本结构			
1. 51 系列单片机的内部结构			√
2. 51 系列单片机的引脚功能			√
3. 51 系列单片机的存储器的结构		√	
4. 单片机的最小系统			√
四、51 系列单片机 C 语言程序设计			
1. C 语言的简介			√
2. 主函数			√

续上表

教 学 内 容	教学要求		
	了解	理解	掌握
3. 循环语句			√
4. 中断语句			√
五、51 系列单片机 I/O 接口应用			
数码管、蜂鸣器、继电器、键盘的内部结构的简介		√	
六、51 系列单片机中断应用			
1. 中断系统概述			√
2. 51 系列单片机中断系统		√	
七、51 系列单片机定时器/计数器应用			
1. 定时器/计数器的结构及工作原理			√
2. 频率发生器内部结构介绍		√	

C 语言与单片机课程内容及要求(二) 表 3-2

序号	工作项目	能 力 要 求	模块	任务	活 动 设 计	参考学时
1	项目一 设计制作点亮 LED 指示灯	**知识:** 了解单片机结构,能够理解和掌握单片机正常工作时的状态、如何点亮 LED 指示灯、C 语言的基本语句 **技能:** 1. 能够设计 51 系列单片机最小系统的编程电路; 2. 会使用 Keil 软件; 3. 会单片机的 C 语言设计	单片机工作状态	单片机正常工作时的状态	1. IAP15W4K58S4 单片机典型应用电路介绍; 2. 学习 51 单片机程序的运行机制; 3. 学习 IAP15W4K58S4 单片机 I/O 接口	10
			单片机点亮 LED 指示灯	用单片机点亮 LED 指示灯	1. 画出点亮一个 LED 信号灯电路; 2. C 语言的基本语句编程练习,编写实现点亮一个 LED 信号灯的程序; 3. 使用 Keil C51 软件和 STC Monitor 51 仿真器	
2	项目二 设计制作一台交通灯控制器	**知识:** 能够理解和掌握设计一个 LED 闪烁信号灯控制系统和设计简单的城市路口交通灯控制系统,掌握循环语句使用 **技能:** 1. 能够设计制作一台交通灯控制; 2. 会单片机 C 语言设计; 3. 会使用 Keil 软件	设计并制作一台交通灯控制器	设计一个 LED 闪烁信号灯控制系统	1. 画出点亮一个 LED 闪烁信号灯电路; 2. 编写实现控制一个 LED 信号灯闪烁的程序; 3. while 语句编程练习	10
				设计简单的城市路口交通灯控制系统	1. 画出交通灯控制系统程序流程图; 2. 模拟城市路口交通灯控制系统举例; 3. for 语句编程实现交通灯控制程序	

续上表

<table>
<tr><th>序号</th><th>工作项目</th><th>能力要求</th><th>模块</th><th>任务</th><th>活动设计</th><th>参考学时</th></tr>
<tr><td rowspan="4">3</td><td rowspan="4">项目三
设计制作一个仪表显示器</td><td rowspan="4">知识：
熟练掌握I/O接口的应用，熟练掌握单片机C语言设计，熟练掌握Keil软件的使用，认识数码管
技能：
1. 会数码管与单片机的连接；
2. 能正确使用和操作预处理命令和变量、数组知识；
3. 会单片机C语言设计；
4. 会使用Keil软件</td><td rowspan="4">设计制作一个仪表显示器</td><td>用单片机控制一位数码管显示数字</td><td>1. 设计一位数码管与单片机的连接电路，用单片机控制数码管显示“6”程序；
2. 学习C语言预处理命令和变量</td><td rowspan="4">12</td></tr>
<tr><td>用单片机控制多位数码管显示不同的数字</td><td>1. 设计8位数码管与单片机的连接电路；
2. 按时序图编程；
3. 编程实现多位数码管显示不同的数字</td></tr>
<tr><td>设计一个仪表的数码管数值显示器</td><td>用数组编写实现数码管显示的程序</td></tr>
<tr><td>用字符液晶12864做显示器，显示汉字和数字</td><td>1. 设计电路图；
2. 编写实现12864显示的程序</td></tr>
<tr><td rowspan="5">4</td><td rowspan="5">项目四
设计制作医院病床呼叫系统控制器</td><td rowspan="5">知识：
1. 掌握交流电动机的驱动电路；
2. 熟练掌握定时器/计数器的应用；
3. 掌握修改仪表上显示的数据
技能：
1. 能正确使用和操作如何把电动机接到单片机上——功率驱动；
2. 会单片机C语言设计；
3. 会使用Keil软件</td><td rowspan="5">医院病床呼叫系统</td><td>按钮控制电动机的启停</td><td>1. 如何把电动机接到单片机上——功率驱动；
2. 交流电动机的驱动电路；
3. 按钮控制电动机的启停流程图；
4. 按钮控制交流电动机的启停程序；
5. C语言知识学习（七）——if语句用法</td><td rowspan="5">12</td></tr>
<tr><td>设计一台简易抢答器</td><td>1. 设计简易抢答器中按钮的电路；
2. 设计简易抢答器流程图；
3. 编写实现简易抢答器程序；
4. C语言知识，学习switch、break、continue语句用法</td></tr>
<tr><td>用一位数码管记录按钮按下的次数</td><td>1. 设计按钮抖动的方法；
2. 用8位数码管的第1位记录按钮按下的次数程序</td></tr>
<tr><td>用4个组合按钮修改仪表上显示的数据</td><td>1. 设计组合按钮电路；
2. 编写实现控制组合按钮程序</td></tr>
<tr><td>矩阵式键盘用法</td><td>1. 组合按钮矩阵式键盘；
2. 编写实现扫描程序</td></tr>
</table>

续上表

<table>
<tr><th>序号</th><th>工作项目</th><th>能 力 要 求</th><th>模块</th><th>任务</th><th>活 动 设 计</th><th>参考学时</th></tr>
<tr><td rowspan="2">5</td><td rowspan="2">项目五
设计制作一个带时间显示的定时开关</td><td rowspan="2">知识：
1. 理解 IAP15W4K58S4 单片机内部结构原理；
2. 掌握 IAP15W4K58S4 单片机外中断的用法；
3. 熟练掌握单片机的引脚功能
技能：
1. 会单片机 C 语言设计；
2. 会使用 Keil 软件；
3. 能安装单片机的控制继电器</td><td rowspan="2">带时间显示的定时开关设计</td><td>设计一个故障报警器</td><td>1. 设计故障报警器电路；
2. 编写实现故障报警器程序</td><td rowspan="2">4
（选学）</td></tr>
<tr><td>设计一位秒表</td><td>1. 设计组合按钮电路；
2. 编写实现定时开关程序</td></tr>
<tr><td colspan="6">合计</td><td>48</td></tr>
</table>

四、实施建议

（一）教材选用和编写建议

1. 教材选用

选用陈静等编的《单片机应用技术项目化教程——基于 STC 单片机项目化教程》。

2. 教材编写原则与要求

若教材不符合部分开课专业的需求，可根据专业特点自行编写校本教材或讲义，但理论部分不建议再进行编写，重点突出与专业结合紧密部分和实践操作部分。

3. 教学参考资料使用建议

（1）李精华，《单片机原理与应用》，高等教育出版社，2010 年出版。

（2）张淑清等，《单片机原理及应用技术》，国防工业出版社，2010 年出版。

（二）教学建议

（1）教师应根据不同教学内容注意采用多样化的教学方式，如实物演示、讲授、辩论、仿真模拟、案例分析、专题讨论、项目设计、小组合作等。

（2）加强培养学生自主学习和实际动手能力，教学过程中，应立足于加强学生实际动手能力的培养，采用项目教学、任务驱动等方法提高学生学习兴趣。在每个情境教学中，尽可能采用多媒体教学、实验仿真软件、实物教学等。

（3）教师在重视知识教学的同时，要重视学生素养和能力目标的实现，首先在设计教学过程时就要有预见，在示范、讲解时就可以进行引导，另外通过各个学生具体的操作事件，做事的细节或不同的方式，发现学生做事的态度，给予引导、鼓励、启发、纠正等。

（三）教学考核评价建议

教学考核分为：过程性考核、笔试、实操、课程论文、项目汇报或相互结合。

形式分为：教考分离、自主考核。

（四）课程资源的开发与利用

课程资源是决定课程目标是否有效达成的重要因素，课程资源应当具备开放性特点，适应于学生的自主学习、主动探究。为适应基于模块化的工作过程和体现课程“基础性”、“应用性”、“先进性”的指导性教学模式的开展，必须大力开发与课程相关的网络教学资源、学习评价表、实训指导书、教学课件、教学视频等教学文件。

课程 8　液压与气动基础

课程名称:液压与气动基础
课程性质:机电平台课程
建议学时:32 学时(理论 16 学时、实践 16 学时)
适用专业:电气化铁道技术

一、前言

(一)课程定位

液压与气动基础是机电类专业的一门平台课程。该课程主要研究液压、气压传动的基本原理、系统的组成和应用;各类液压、气动元件的结构、工作原理、特性及其选用;液压、气动回路的原理分析、连接与调试等应用能力及创新能力。课程设置的目的是通过本课程的学习,使学生较系统地掌握液压、气动技术的基本原理和实际应用,为后续课程学习、毕业设计及解决生产实际问题打下重要基础。这门技术具有其他传动形式无法比拟的优势而应用广泛,是专业教学中必不可少的重要组成部分,该课程的主要前置课程有机械制图、机械基础、电工基础及电子技术,后续课程为机电类专业核心课程等。

(二)教学设计思路

本课程设置依据是机电类专业典型工作岗位和工作任务对职业能力和知识的要求,根据专业培养目标,以学生发展为本位,设计课程内容。依据行业企业岗位技能对课程知识能力的需求,立足于实际能力培养,紧紧围绕液压与气动系统工作任务选择课程内容,设计 8 个模块,提高课程内容的实用性。从掌握液压、气动元件结构、原理、功能入手,学习液压、气动回路连接与调试,明确元件在回路中的功能特点,学会分析典型液压、气动系统的工作原理及特点,并通过实验使学生学会识别各类液压、气动元件,会根据回路原理图实际动手搭接或自行设计液压、气动回路,使学生具备维护一般液压、气动元件和系统的能力,为后续课程学习和解决实际工程问题打下必要的基础,发展职业能力。

二、课程目标

(一)知识目标

(1)掌握液压与气动技术的基础理论知识。
(2)掌握各类液压与气动元件的结构、工作原理、图形符号、特性及其应用。
(3)掌握液压、气动回路的分析方法,掌握典型液压、气动系统图与工作原理的分析方法。
(4)掌握液压、气动元件与系统的维护方法。

(二)能力目标

(1)能正确阐述液压、气压传动的基本原理、系统的组成、工作特性和应用。

(2)能识别常用液压、气动元件。

(3)能读懂液压和气动系统工作原理图。

(4)会分析液压、气动回路和系统的功能与应用,并能按照液压、气动系统图进行液压、气动元件的选用、连接与调试。

(5)能够进行液压、气动元件及系统的日常维护。

(6)会使用常用工具。

(三)素质目标

(1)结合专业课程,培养学生理论联系实际的专业学习作风。

(2)培养学生吃苦耐劳、严肃认真的工作作风和爱岗敬业的良好职业道德。

(3)培养学生观察问题、提出问题、分析问题与解决问题的能力和创新精神。

(4)训练和培养学生自觉遵守规章制度、树立安全第一的观念。

(5)培养学生适应新环境能力、协调与沟通能力、团队合作能力。

三、课程内容与要求

课程内容分为 8 个模块:液压传动系统认知、单级调压回路的连接与调试、减压回路的连接与调试、换向回路的连接与调试、节流调速回路的连接与调试、组合机床动力滑台的液压系统分析、气动回路的连接与调试、气动机械手气压传动系统分析。教学内容围绕基础性和前沿性进行,以培养学生创新思维和实践能力为目的,集传统教学方法及多媒体、动画、案例分析、实验、网络资源等现代教育手段,理论联系实际,融知识传授、能力培养和素质教育于一体,并重视培养学生的职业道德、实际动手能力、适应能力、可持续发展能力,提高学生的技术应用能力和综合素质,为后续课程学习、解决实际生产问题打下重要基础。

其课程内容与要求见表 3-3。

液压与气动基础课程内容与要求 表 3-3

序号	工作项目	能力要求	模块	任务	活动设计	参考学时
1	液压传动系统认知	知识: 1. 掌握液压传动系统的工作原理、组成及各组成部分作用、工作特性; 2. 了解液压传动特点、应用及发展 技能: 1. 能指认液压系统中的液压元件; 2. 能正确描述液压系统的工作原理、组成及各组成部分的作用	液压传动系统认知	描述液压系统的工作原理、组成及各组成部分作用、工作特性	1. 班级分组; 2. 挖掘机模型的工作过程演示; 3. 观察挖掘机动作现象; 4. 知识点讲解; 5. 描述液压系统的工作原理、组成及各组成部分作用、工作特性(各组汇报); 6. 点评总结	2

续上表

<table>
<tr><th>序号</th><th>工作项目</th><th>能力要求</th><th>模块</th><th>任务</th><th>活动设计</th><th>参考学时</th></tr>
<tr><td rowspan="5">2</td><td rowspan="5">单级调压回路的连接与调试</td><td rowspan="5">知识：
1. 掌握齿轮泵、溢流阀的功用、结构特点、工作原理、图形符号、应用及使用维护方法；
2. 掌握油箱、管件及管接头、密封件、压力表等液压辅助元件的结构和特点、原理、图形符号及选用与维护方法；
3. 掌握识读液压回路图的方法；
4. 掌握单级调压回路的功能、工作原理、连接与调试方法
技能：
1. 能正确描述齿轮泵、溢流阀的工作原理；
2. 会使用常用工具；
3. 能进行常用液压辅助元件的使用与维护；
4. 能描述单级调压回路的工作原理；
5. 能读懂液压回路图；
6. 能进行单级调压回路的连接与调试</td><td>1. 单级调压回路图的识读</td><td>识读液压元件图形符号、单级调压回路图</td><td>1. 展示液压回路图；
2. 提出问题，查阅资料；
3. 知识点讲解；
4. 讨论与总结</td><td>1</td></tr>
<tr><td rowspan="3">2. 单级调压回路的连接与调试</td><td>1. 熟悉液压回路实验台的构造与使用方法</td><td>1. 班级分组；
2. 液压回路实验台的构造讲解；
3. 液压回路实验台使用演示讲解</td><td rowspan="3">2</td></tr>
<tr><td>2. 单级调压回路的连接</td><td>1. 各组根据回路图准备液压元件；
2. 连接液压回路；
3. 检查所连接回路</td></tr>
<tr><td>3. 单级调压回路的调试</td><td>1. 启动、调试液压回路；
2. 观察实验现象，描述对液压回路的初印象与该回路的工作原理</td></tr>
<tr><td>3. 回路中各液压元件的作用、结构、原理、图形符号、特点及应用等知识点讲解</td><td>1. 液压油的性质与选用
2. 齿轮泵的认知
3. 溢流阀的认知
4. 油箱、油管、管接头、压力表、密封件的认知</td><td>1. 结合液压油、齿轮泵、溢流阀、油箱、油管、管接头、压力表、密封件等实物讲解知识点；
2. 识别齿轮泵、溢流阀、油箱、油管、管接头、压力表、密封件等液压元件；
3. 讨论与总结</td><td>3</td></tr>
<tr><td rowspan="4">3</td><td rowspan="4">减压回路的连接与调试</td><td rowspan="4">知识：
1. 掌握叶片泵、液压缸、减压阀的功用、结构特点、工作原理、图形符号、应用及使用维护方法；
2. 理解压力损失的原因、影响；
3. 掌握识读液压回路图的方法；
4. 掌握减压回路的功能、工作原理、连接与调试方法
技能：
1. 能正确描述叶片泵、液压缸、减压阀的工作原理；
2. 能描述减压回路的工作原理；
3. 能读懂液压回路图；
4. 能进行减压回路的连接与调试</td><td>1. 减压回路图的识读</td><td>识读液压元件图形符号、减压回路图</td><td>1. 展示液压回路图；
2. 提出问题，查阅资料；
3. 知识点讲解；
4. 讨论与总结</td><td>1</td></tr>
<tr><td rowspan="2">2. 减压回路的连接与调试</td><td>1. 减压回路的连接</td><td>1. 班级分组；
2. 各组根据回路图准备液压元件；
3. 连接液压回路；
4. 检查所连接回路</td><td rowspan="2">2</td></tr>
<tr><td>2. 减压回路的调试</td><td>1. 启动、调试液压回路；
2. 观察实验现象，描述该回路的工作原理</td></tr>
<tr><td>3. 回路中叶片泵、液压缸、减压阀的作用、结构、原理、图形符号、特点及应用等知识点讲解</td><td>1. 叶片泵的认知
2. 液压缸的认知
3. 液流中的压力损失
4. 减压阀的认知</td><td>1. 结合叶片泵、液压缸、减压阀实物讲解知识点；
2. 识别叶片泵、液压缸、减压阀等液压元件；
3. 讨论与总结</td><td>3</td></tr>
</table>

续上表

序号	工作项目	能力要求	模块	任务	活动设计	参考学时
4	换向回路的连接与调试	**知识:** 1. 掌握柱塞泵、换向阀的功用、结构特点、工作原理、图形符号、应用及使用维护方法; 2. 掌握识读液压回路图的方法; 3. 掌握换向回路的功能、工作原理、连接与调试方法 **技能:** 1. 能正确描述柱塞泵、换向阀的工作原理; 2. 能描述换向回路的工作原理; 3. 能读懂液压回路图; 4. 能进行换向回路的连接与调试	1. 换向回路图的识读	识读液压元件图形符号、换向回路图	1. 展示液压回路图; 2. 提出问题,查阅资料; 3. 知识点讲解; 4. 讨论与总结	1
			2. 换向回路的连接与调试	1. 换向回路的连接	1. 班级分组; 2. 各组根据回路图准备液压元件; 3. 连接液压回路; 4. 检查所连接回路	2
				2. 换向回路的调试	1. 启动、调试液压回路; 2. 观察实验现象,描述该回路的工作原理	
			3. 回路中柱塞泵、换向阀作用、结构、原理、图形符号、特点及应用等知识点讲解	1. 柱塞泵的认知	1. 结合柱塞泵、换向阀实物讲解知识点; 2. 识别柱塞泵、换向阀等液压元件; 3. 讨论与总结	3
				2. 换向阀的认知		
5	节流调速回路的连接与调试	**知识:** 1. 掌握节流阀、调速阀的功用、结构特点、工作原理、图形符号、应用及使用维护方法; 2. 掌握识读液压回路图的方法; 3. 掌握节流调速回路的功能、工作原理、连接与调试方法 **技能:** 1. 能正确描述节流阀、调速阀的工作原理; 2. 能描述节流调速回路的工作原理; 3. 能读懂液压回路图; 4. 能进行节流调速回路的连接与调试	1. 节流调速回路图的识读	识读液压元件图形符号、节流调速回路图	1. 展示液压回路图; 2. 提出问题,查阅资料; 3. 知识点讲解; 4. 讨论与总结	1
			2. 节流调速回路的连接与调试	1. 节流调速回路的连接	1. 班级分组; 2. 各组根据回路图准备液压元件; 3. 连接液压回路; 4. 检查所连接回路	2
				2. 节流调速回路的调试	1. 启动、调试液压回路; 2. 观察实验现象,描述该回路的工作原理	
			3. 回路中节流阀、调速阀的作用、结构、原理、图形符号、特点及应用等知识点讲解	1. 节流阀的认知	1. 结合节流阀、调速阀实物讲解知识点; 2. 识别节流阀、调速阀等液压元件; 3. 讨论与总结	1
				2. 调速阀的认知		
6	组合机床动力滑台的液压系统分析	**知识:** 1. 掌握液压系统中各元件的作用、原理; 2. 掌握识读液压系统图的方法 **技能:** 1. 能正确描述液压系统中各元件的作用、工作原理; 2. 能读懂液压系统图,并能正确分析液压系统的工作原理	组合机床动力滑台的液压系统分析	1. 了解设备功能、工作循环及对液压系统的要求	1. 布置任务; 2. 任务实施; 3. 任务汇报; 4. 点评总结	2
				2. 弄清各液压元件的原理、功用		
				3. 划分读图单元,明确其原理		
				4. 描述液压系统工作原理		

续上表

<table>
<tr><th>序号</th><th>工作项目</th><th>能力要求</th><th>模块</th><th>任务</th><th>活动设计</th><th>参考学时</th></tr>
<tr><td rowspan="4">7</td><td rowspan="4">气动回路的连接与调试</td><td rowspan="4">知识：
1. 掌握各类气动元件的功用、结构特点、工作原理、图形符号、应用及使用维护方法；
2. 掌握识读气动回路图的方法；
3. 掌握气动回路的功能、工作原理、连接与调试方法
技能：
1. 能正确描述各类气动元件的工作原理；
2. 能描述气动回路的工作原理；
3. 能读懂气动回路图；
4. 能进行气动回路的连接与调试</td><td>1. 气动回路图的识读</td><td>识读气动元件图形符号、气动回路图</td><td>1. 展示气动回路图；
2. 提出问题，查阅资料；
3. 知识点讲解；
4. 讨论与总结</td><td>1</td></tr>
<tr><td rowspan="2">2. 气动回路的连接与调试</td><td>1. 气动回路的连接</td><td>1. 班级分组；
2. 各组根据回路图准备气动元件；
3. 连接气动回路；
4. 检查所连接回路</td><td rowspan="2">2</td></tr>
<tr><td>2. 气动回路的调试</td><td>1. 启动、调试气动回路；
2. 观察实验现象，描述该回路的工作原理</td></tr>
<tr><td>3. 回路中气动元件的作用、结构、原理、图形符号、特点及应用等知识点讲解</td><td>气源装置、汽缸、气动控制元件、辅助元件的认知</td><td>1. 结合各类气动元件实物讲解知识点；
2. 识别各类气动元件；
3. 讨论与总结</td><td>1</td></tr>
<tr><td>8</td><td>气动机械手气压传动系统分析</td><td>知识：
1. 掌握气动系统中各元件的作用、原理；
2. 掌握识读气动系统图的方法
技能：
1. 能正确描述气动系统中各元件的作用、工作原理；
2. 能读懂气动系统图，并能正确分析气动系统的工作原理</td><td>气动机械手气压传动系统分析</td><td>1. 了解设备功能、工作循环及对气动系统的要求
2. 弄清各气动元件的原理、功用
3. 划分读图单元，明确其原理
4. 描述气动系统工作原理</td><td>1. 布置任务；
2. 任务实施；
3. 任务汇报；
4. 点评总结</td><td>2</td></tr>
<tr><td colspan="6">合计</td><td>32</td></tr>
</table>

四、实施建议

(一)教材选用和编写建议

1. 教材选用

本课程教材主要采用刘建明主编的《液压与气压传动》，机械工业出版社，2015 年 9 月出版。

2. 教材编写原则与要求

(1)必须依据本课程标准编写教材,教材应充分体现以工作任务为中心组织课程内容和课程教学的设计思想。

(2)教材应将本专业职业活动,分解成若干典型的工作项目,按完成工作项目的需要组织教材内容,引入必需的理论知识,强调理论在实践过程中的应用。

(3)教材应图文并茂,提高学生的学习兴趣,加深学生对所学知识的认识和理解,教材表达必须精炼、准确、科学。

(4)教材内容应体现通用性、实用性、先进性,使教材更贴近本专业的发展和实际需要。

(5)教材中活动设计的内容要具体,并具有可操作性。

3. 教学参考资料使用建议

(1)潘楚滨,《液压与气压传动》,机械工业出版社, 2010 年出版。

(2)袁承训,《液压与气压传动》,机械工业出版社,2009 年出版。

(3)张福臣,《液压与气压传动》,机械工业出版社,2011 年出版。

(4)王宝敏,《液压与气压技术》,清华大学出版社,2011 年出版。

(5)宋新萍,《液压与气压传动》,机械工业出版社,2008 年出版。

(二)教学建议

(1)加强教学资源库和教材建设,不断丰富完善多媒体课件和网络教程的内容,进一步完善实验室建设。

(2)本课程是一门应用性很强的课程,在教学过程中采用多种教学方法来增强感性认识。

(3)在教学过程中,全面了解学生的实际情况,以学生为主体,因势利导地启发学生积极思维,指导学生如何观察、分析、归纳问题,引导学生解决学习过程中的困难,并在此过程中,可设计学生间分组协作学习方式,侧重培养学生的沟通能力、团队协作能力。

(4)在教学过程中,增强实践性教学环节,通过液压元件的拆装、液压与气动回路的识读、连接与调试,加强对学生实际应用能力的培养。

(5)在教学过程中,要重视与后续专业课程相衔接,体现实用性和可持续发展性。

(6)教学过程中加强安全教育,提高安全意识,培养学生严谨的工作态度。

(7)教学过程中教师应注重学生综合素质的培养,将创新思维和创新理念渗透到教学过程中,积极引导学生提升职业素养,注重学生综合素质的培养。

(三)教学考核评价建议

(1)采用过程性评价与目标评价相结合的评价模式。

(2)关注评价的多元性,结合课堂提问、学生作业、平时测验、实验及考试情况、学习态度、团队合作精神、交流及表达能力、组织协调能力综合评价学生成绩。

(3)应注重学生运用知识分析、解决问题能力的考核,对在学习和应用上有创新的学生应予特别鼓励,全面综合评价学生能力。

(4)最终考核结果构成:过程考核占 30%;目标考核占 50%;方法能力评价占 20%。

(四)课程资源的开发与利用

(1)开发本课程的教学资源库:课件、动画、微课、习题等教学资料。

(2)积极开发和利用学校图书馆、校园网提供的课程资源:相关的图书及报纸、期刊杂志、音像资料等,网络资源(数字图书馆、电子书籍等)。

(3)进一步建设本课程的实验条件,使之具备实验教学的条件,满足液压与气压传动应用能力培养的要求。

(五)其他说明

本课程的内容可根据培养对象的方向进行筛选,此外根据学院的实验条件适当调整,达到专业培养目标的要求。

课程 9　可编程控制技术

课程名称:可编程控制技术
课程性质:控制平台课程
建议学时:48 学时
适用专业:电气化铁道技术

一、前言

(一)课程定位

本课程是电气自动化、机电一体化技术、电气化铁道技术和城市轨道交通控制专业学生必修的一门课程。它涉及广泛的电子元件和电机电器,是一门应用性很强的课程,属于基本专业控制平台课程。本课程是建立在电工电子学基础、电机拖动基础上有很强的理论性和实践性的课程,对后续专业课程的学习至关重要;同时与学生将来从事的专业工作有着密切的联系。

(二)教学设计思路

本课程按照"以能力为本位,以职业实践为主线,以项目课程为主体的模块化专业课程体系"的总体设计要求,以培养学生的"学懂"和"会用"为基本目标,紧紧围绕工作任务完成的需要来选择和组织课程内容,突出任务与知识的联系,让学生在职业实践活动的基础上掌握知识,增强课程内容与职业岗位能力要求的相关性,提高学生的独立思考和实践动手能力。

二、课程目标

(一)知识目标

(1)理解掌握硬件的基本结构和工作原理。
(2)理解掌握基本布尔指令。
(3)理解一般的功能运算指令。
(4)能够对相应的控制电路进行基本分析理解。
(5)掌握常用生产机械 PLC 控制线路的工作原理及常见故障分析。

(二)技能目标

(1)能够掌握基本的 PLC 硬件结构。
(2)能够正确选用各类型的 PLC。
(3)能够正确熟练分配 I/O。
(4)能够正确熟练使用常用电器元件。

(5)能够掌握基本类型 PLC 电气控制。

三、课程内容与要求

课程内容与要求见表 3-4。

可编程控制技术课程内容与要求 表 3-4

序号	项目	能力要求	实验参考	教学设计	参考学时
1	模块一 认识 PLC	**知识:** 1. 了解 PLC 系统组成; 2. 了解 PLC 特性及应用领域; 3. 知道 PLC 软件; 4. 会对 PLC 联网通信 **技能:** 会使用 PLC 模拟软件	1. PLC 模拟软件的使用; 2. PLC 系统调试	1. 知识介绍; 2. 演示示范; 3. 分组演练; 4. 总结及交流	6
2	模块二 抢答器的设计	**知识:** 1. 常开常闭指令; 2. 自锁互锁指令 **技能:** 1. 能进行互锁指令的程序设计; 2. 能根据例题进行相关延伸	**必做:** 1. 三人抢答器; 2. 四人抢答器 **选做:** 多路抢答器	1. 知识点讲解; 2. 任务分析; 3. 分组讨论; 4. 实验验证; 5. 成果展示; 6. 内容拓展延伸	6
3	模块三 电动机的控制	**知识:** 1. 常开、常闭指令; 2. 自锁、互锁指令; 3. 定时器指令; 4. 比较指令; 5. 传送指令 **技能:** 1. 会用定时器的组合延时; 2. 会用定时器加比较组合指令	1. 电机的点动; 2. 电机的连动; 3. 电机顺序启动; 4. 多台电机的同时启动	1. 知识点讲解; 2. 任务的分析; 3. 分组讨论; 4. 实验验证; 5. 总结及交流	12
4	模块四 闪烁灯的控制	**知识:** 1. 闪烁指令; 2. 移位指令; 3. 传送指令; 4. 循环指令 **技能:** 1. 会控制多灯的闪亮; 2. 会将灯的闪烁延伸	**必做:** 1. 单灯的闪烁; 2. 多灯的循环闪烁; 3. 音乐喷泉的控制 **选做:** 规则灯亮的循环控制	1. 知识点讲解; 2. 任务的分析; 3. 分组讨论; 4. 实验验证; 5. 成果展示; 6. 总结及交流	12
5	模块五 交通灯的控制	**知识:** 1. 顺序控制指令; 2. 闪烁指令; 3. 移位指令; 4. 循环指令; 5. 数据传送指令; 6. 中断指令 **技能:** 会使用多种指令控制灯的闪亮	**必做:** 1. 单个灯循环闪亮; 2. 红灯、黄灯闪亮和绿灯的循环闪亮 **选做:** 四方向交通信号灯的控制	1. 知识点讲解; 2. 任务的分析; 3. 分组讨论; 4. 实验验证; 5. 总结及交流	12
合计					48

四、实施建议

(一)教材及参考资料选用

1. 教材选用及编写

教材选用机械工业出版社出版、徐国林主编的《PLC 应用技术》。本教材为 21 世纪高职教育规划教材的配套用书,在内容选取上,体现了先进性和实践性,将理论与实践有机结合,突出实践能力的培养。同时,考虑到教学对象,在教材的内容选取上做到了“少而精”和“理论联系实际”。基础理论以必须、够用为度,注重工程实际问题。本教材主体明确、特色鲜明、重点突出,特别适用于以培养技术应用型人才的教学活动。

2. 参考资料选用

(1)廖常初等,《电气控制与 PLC》,机械工业出版社,2008 年出版。

(2)廖常初等,《S7-200PLC 应用》,机械工业出版社,2007 年出版。

(3)陈勇等,《电机与拖动基础》,电子工业出版社,2007 年出版。

(二)教学建议

1. 教学条件和环境

校内实训室有电工实训室、低压配电实训室、电机拖动实训室和 PLC 应用实训室等。目前能够进行 PLC 基础理论实验、PLC 综合项目实训,同时正在积极地寻求与企业合作,这将为课程改革提供坚实的物质基础。

2. 教学方法上的特殊性

(1)强调课程理论的系统性和递进性,通过多种教学手段优化课堂教学过程,实现高效教学。

(2)以知识层次结构为基础,采用项目引领、任务驱动的行动导向教学模式,充分发挥学生的积极性和主动性。

(3)根植于“教、学、做一体化”的教学模式,调动学生的主观能动性,注重学生独立思考能力的培养。

(4)以职业能力为主线,突出学生为主体,加大技能实训比重,培养学生的职业能力。

(5)在教学内容上,要重视本专业领域的新技术、新设备、新工艺并及时吸收为教学内容,培养学生的职业生涯发展能力。

五、学业评价

本课程采用“边学边评、以评促学、学评同步”的“形成性考评”的评价方式,包括知识目标评定、项目目标评定和素质目标评定三部分。

“形成性考评”采用过程性考核和终结性考核相结合的考核形式,淡化了期末考试的比重,调动了学生日常学习的积极性,对项目化教学的推行及教学质量的提高有着明显的促进作用,如表 3-5 所示。

专核项目分值表　　表3-5

序　号	考核项目	所占比例
1	过程性考核	40%
2	终结性考核(期末考试)	60%

注:1. 过程性考核包括:①项目完成情况;②出勤率;③课堂表现;④安全操作;⑤作业;⑥实训报告;⑦团队合作;⑧技能竞赛。

2. 终结性考核为期末考试,采用项目抽考形式。

六、课程资源的开发与应用

(1)利用现代信息技术等多媒体课件,构建网络课程资源库。通过搭建多维、动态、活跃、自主的课程训练平台,使学生的主动性、积极性和创造性得以充分调动。

(2)搭建校企合作平台,充分利用企业的设备为学生提供实习机会。

(3)充分利用实验实训室,在学生学习过程中关注学生职业能力的发展和教学内容的调整,积极编写校本教材。

(4)积极利用电子书籍、电子期刊、数字图书馆、各大网站等网络资源,使教学内容从单一化向多元化转变,尽力拓展学生的知识和能力。

课程 10　传感器及检测技术

课程名称：传感器及检测技术
课程类型：控制平台课程
总 学 时：48 学时（理实一体）
适用专业：电气化铁道技术

一、前言

(一) 课程定位

传感器及检测技术是一门综合性很强的课程，集成了机械、电子、电路、控制、光学、电磁学等知识，涉及知识面广，且与生产、科研实践联系紧密。它的种类也越来越多，比如：压力传感器，温度传感器，湿度传感器，甚至近来兴起的智能传感器、图像传感技术等。它以研究传感器的材料、传感器的设计、制作和应用为主要内容，研究传感器敏感材料的力、热、声、电、光、磁等物理“效应”和“现象”，并综合了物理学、微电子学、化学、材料科学、生物工程等方面的知识，形成了一门综合性的学科。传感技术、检测技术是将自动化、电子、计算机、控制工程、信息处理、机械等多种学科、多种技术融合为一体并综合运用的复合技术，广泛应用于交通、电力、冶金、化工、建材等各领域自动化装备及生产自动化过程。检测技术与自动化装置的研究与应用，不仅具有重要的理论意义，符合当前及今后相当长时期内我国科技发展的战略，而且紧密结合国民经济的实际情况，对促进企业技术进步、传统工业技术改造和铁路技术装备的现代化有着重要的意义。

因此，传感器及检测技术以自动化、电子、计算机、控制工程、信息处理为研究对象，以现代控制理论、计算机控制等为技术基础，以检测技术、测控系统设计、人工智能、工业计算机集散控制系统等技术为专业基础，同时与自动化、计算机、控制工程、电子与信息、机械等学科相互渗透，主要从事以检测技术与自动化装置研究领域为主体的，与控制、信息科学、机械等领域相关的理论与技术方面的工作。其知识递进如图 3-1 所示，学科领域构成及与相关其他领域的关系如图 3-2 所示。

(二) 设计思路

1. 总体思路

依据《新疆交通职业技术学院传感器及检测技术课程调研报告》制订本课程标准，分析课程的特点，从后续专业课程需求及高职高专专业人才培养目标出发，构建起适合高职院校特点的模块式课程教学内容体系，着力体现该课程“基础性、应用性、先进性”的特点。

通过开设综合性和创新设计性实验、实作以及项目式教学，体现课程的“应用性”。利用校园网适度介绍课程领域的新进展并利用先进的实践教学手段(如仿真),保持课程的“先进性”。

课程分三部分进行,即理论、实训、课程设计,其中理论与实训交替展开,掌握基础知识和检修、设计理念,实训为综合技能训练。

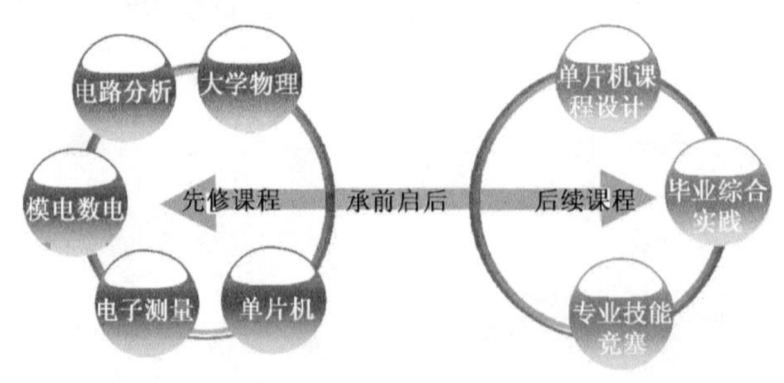

图 3-1　知识递进

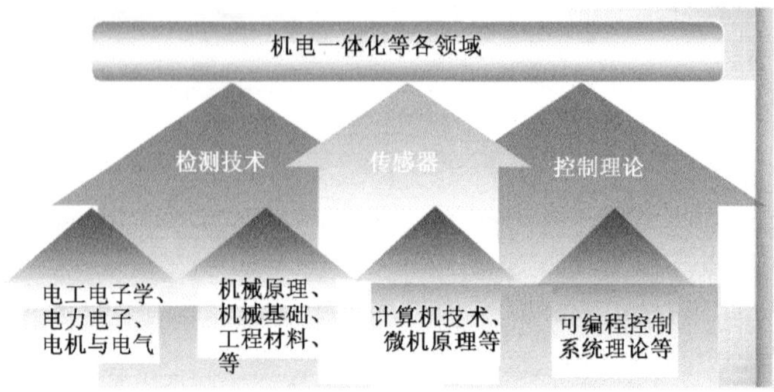

图 3-2　学科领域构成及与其他领域的关系

课程设计为项目化教学方法的延续,按照一个简单检测系统的给定功能要求,综合运用所学知识,拟定检测系统的基本构成方案,对其中的传感器部分进行选择、选配检测电路并对与微机的接口部分进行设计,记录实验数据并进行数据处理及误差分析,提交设计报告。通过实践环节,使学生达到以下目标。

(1)更好地掌握和加深理解本课程的基本理论和方法。

(2)进一步提高学生查阅技术资料、绘制电路图和运用计算机的能力,初步培养学生进行创新设计的能力。

(3)学生应在教师指导下独立完成设计任务。要求提供完整的检测系统设计方案、传感器的选择依据及测试结果、检测电路的设计图纸及实验电路、与微机接口的接口电路图(条件允许时,要求提供接口电路)、撰写设计说明书。

(4)课程设计时间由课堂时间和业余时间构成,不另开课程设计周,设计成绩单独评分,计入期末总评成绩。

2. 具体思路

(1)将教学内容分为基本模块和选用模块,将测量基本概念、传感器的基本知识、温度测量、磁电测量作为基本模块,其他量的测量根据不同专业进行选用。

(2)由于传感器的种类繁多,增加传感器演示实验内容,以开拓学生的视野,向学生演示相关的传感器实物,网上的课件、动画资源、习题集试题,都可巩固学生学习的知识。

(3)课程实验实行开放式,增强学生独立操作的实际动手能力。

(4)本课程综合训练要求学生为自己掌握求职所需的传感器原理的专业能力,含对传感器的应用系统进行分析设计、正确选择传感器、进行PROTEL绘图、印制电路板焊接、调试。课程设计作为本课程考核的重要依据。

(5)综合实训安排在课余时间进行,题目自主选择,有红外传感器、超声波流量计在粒度仪中的使用;编码器、红外传感器、热电阻在煤气压力表生产、检测中的应用;自动化流水线的传感器的应用等,将课堂走进工厂、将工厂搬进课堂,培养学生对职业岗位的认知。

(6)加强传感器技术课程教学的课后延伸,如开放实验、生产实习、大学生电子设计制作竞赛、毕业设计等。结合日常生活和生产过程中的实际情况,选用适当的传感器,设计制作自动检测与自动控制的实用小系统。

具体设计思路见图3-3,具体设计领域见表3-6。

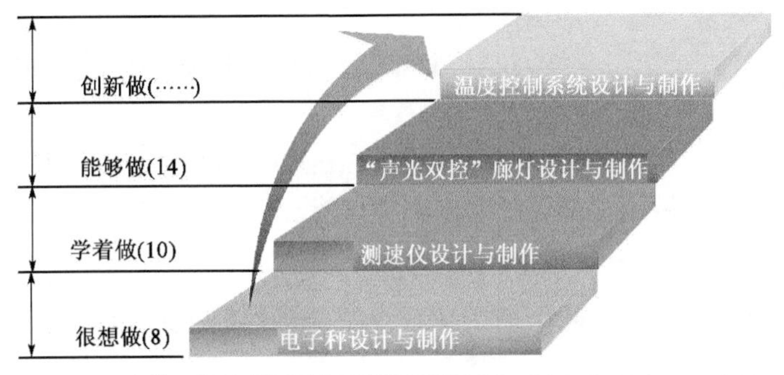

图3-3 具体设计思路

具体设计领域一览表 表3 6

知识领域 / 行动领域	基础、标定与测试知识	电阻式传感器知识	电容式传感器知识	电感式传感器知识	电磁式传感器知识	光电式传感器知识
电子秤设计与制作	○	○				
测速仪设计与制作	○	○	○	○	○	
"声光双控"设计制作	○	○	○	○	○	○
温度控制系统设计与制作	○	○	○	○	○	○

二、课程目标

(一)总体目标

要求理解不同传感器的工作原理,常用的测量电路;能够对常用传感器的性能参数与主要技术指标进行校量与标定。掌握传感器的工程应用方法,并能正确处理检测数据。了解传感器技术发展的前沿状况,培养学生的科学素养,提高学生分析解决问题的能力。达到知原理、会选型、懂设计、精焊接。

通过行为导向的项目式教学，加强学生实践技能的培养，培养学生的综合职业能力和职业素养；使学生获得独立学习及获取新知识、新技能、新方法的能力，与人交往、沟通及合作等方面的态度和能力。

(二)具体目标

1. 专业能力目标

(1)熟悉非电量测量的基本知识和各种数据处理方法。

(2)掌握常用传感器的工作原理、基本结构、测量电路和各种应用。

(3)掌握各种传感器的使用、标定、校准等基本技能。

2. 社会能力目标

(1)善于合作，通过分组共同完成实验，培养合作精神。

(2)具备良好的职业道德和专业思想。

3. 方法能力目标

(1)持续学习，具有对知识分析、归纳、总结、综合的思维能力以及知识的迁移能力，不断更新和跟踪检测技术知识，能与时俱进。

(2)能够将所学专业知识应用到实践，用知识来分析和判断以及处理问题。

(3)学会收集、处理、运用社会信息的方法和技能。

4. 情感态度价值观

(1)通过对传感器的认识让同学们了解现今社会的科学发展程度，让其能够为祖国的今天感到骄傲和自豪。

(2)通过对传感器的学习，培养学生对生活中各种以传感器为核心的设备的观察能力，并对其产生浓厚的兴趣。

三、课程内容与要求(表3-7)

传感器及检测技术课程内容与要求 表3-7

序号	项目	能力目标	知识目标	工作步骤	活动设计	学时
1	项目一 电子秤设计与制作	1. 能掌握电阻应变片的选择与粘贴； 2. 会测量电桥的电压灵敏度与调零； 3. 掌握电桥测量电路的制作要领	1. 传感器的静态特性、动态特性与技术指标； 2. 熟悉传感器的分类； 3. 理解电阻应变片的原理与主要技术参数	1. 任务分析； 2. 绘制电子秤电路； 3. 进行模拟测试	1. 传感器特性指标讨论； 2. 各组进行电路设计； 3. 对电路进行仿真测试	6
				选择电阻应变片及其他元器件	1. 前往电子市场进行元器件认识及选购； 2. 对已有的废旧电路板进行相关元器件的拆卸	4
				1. 焊接电路板； 2. 作品测试	1. 用电烙铁进行电路焊接； 2. 用水果等物品对产品进行测试； 3. 作品展示及互评	4

续上表

序号	项目	能力目标	知识目标	工作步骤	活动设计	学时
2	项目二 测速仪设计与制作	1. 能用电容、电感、电磁式传感器设计转速测量系统；2. 能将测速传感器检测电路的制作成品	1. 理解电容、电感和电磁式传感器工作原理；2. 理解霍尔效应与霍尔元件、主要参数、测量电路；3. 熟悉霍尔元件的温度误差与补偿方法	1. 任务分析；2. 绘制测量速度电路；3. 模拟测试	1. 对汽车霍尔测速电路进行拆卸；2. 画出汽车实际草图；3. 改进绘制电路图并仿真设计	6
				选择测速传感器及其他元器件	1. 前往电子市场购买霍尔传感器；2. 对已有的废旧电路板进行相关元器件的拆卸	4
				1. 焊接电路板；2. 产品测试	1. 用电烙铁进行电路焊接；2. 对产品进行测试；3. 作品展示及互评	6
3	项目三 “声光双控”廊灯设计与制作	1. 会光电、压电相关传感器的选择；2. 会应用低压控制高压电路	1. 理解光电传感器的组成与工作原理；2. 能绘制光电传感器的灵敏度特性曲线；3. 熟悉光电传感器的分类	1. 任务分析；2. 绘制电路；3. 模拟测试	1. 根据所给样例进行改进，画出草图；2. 绘制电路图并仿真设计	6
				选择声音、光度测量传感器及其他元器件	1. 前往电子市场购买传感器；2. 对已有的废旧电路板进行相关元器件的拆卸	6
				1. 焊接电路板；2. 作品测试	1. 用电烙铁进行电路焊接；2. 对产品进行测试；3. 作品展示及互评	6
6	项目四 温度控制系统设计与制作	1. 会进行热电偶的分度表与分度号查阅；2. 会热电偶冷端温度的处理；3. 会标定热电偶温度测量系统的精度；4. 会应用热电偶的补偿导线	1. 理解温度测量与国际温标（ITS-90）、温度传感器分类、热电偶温度传感器；2. 掌握热电偶的工作原理；3. 了解热电偶按电极材料分类和按结构分类	1. 任务分析；2. 绘制温度控制系统电路；3. 模拟测试	1. 根据所给样例进行改进，画出草图；2. 绘制电路图并仿真设计	课余
				选择热电偶传感器及其他元器件	1. 前往电子市场购买热电偶感器；2. 对已有的废旧电路板进行相关元器件的拆卸	
				1. 焊接电路板；2. 产品测试	1. 用电烙铁进行电路焊接；2. 对产品进行测试；3. 作品展示及互评	
合计						48

课程分为三部分进行，即理论授课、实验、课程设计，各部分可相互嵌套。课程设计根据专业不同进行不同选题。课程设计基本内容及其参考如表3-8所示。

课程设计基本内容 表 3-8

专　业	项　目	能力要求
机电一体化专业	温度检测	可自由选择其中一项,学会设计、接线、验证准确性等
	压力检测	
	液位检测	
汽车电子专业	倒车雷达	学会汽车传感器的检测,学会设计、接线、验证准确性等
	车速表	
	爆震传感	
工程机械	机油压力检测	学会设计、接线、验证准确性等
交通控制专业	车流量检测	学会使用相关仪器,学会设计、接线、验证准确性等
	雷达测速	
	视频监控	
轨道交通车辆	气体检测	掌握检测方法,学会设计并验证
	湿度检测	
轨道交通机电	烟雾探测	掌握检测方法,学会设计并验证
	屏蔽门	

说明:课程设计课内指导,课余时间完成制作,在不具备进行课程设计验证条件(实物制作)的情况下,可组织学生分组进行计算机仿真设计结果。

四、实施建议

(一)教材选用和编写建议

1. 教材选用

(1)刘广玉、陈明等编著,《新型传感技术及应用》,北京航空航天大学出版社,1995 年出版。

(2)张洪润、张亚凡等编著,《传感技术与应用教程》,清华大学出版社,2005 年出版。

(3)刘迎春、叶湘滨等编著,《传感器原理设计与应用》,国防工业出版社,2004 年出版。

(4)王雪文、张志勇等编著,《传感器原理及应用》, 北京航空航天大学出版社,2004 年出版。

(5)彭军编著,《传感器与检测技术》,西安电子科技大学出版社,2003 年出版。

(6)杨帮文等编著,《最新传感器实用手册》,人民邮电出版社,2004 年出版。

(7)[德] 吉多 · 楚伦那、安德烈亚斯 · 拉曼等编著, 莫德举、马永成等译,《家电传感器》,北京航空航天大学出版社,2004 年出版。

2. 教材编写原则与要求

若教材不符合部分开课专业的需求,可根据专业特点自行编写校本教材或讲义,但理论部分不建议再进行编写,重点突出与专业结合紧密部分和实践操作部分。

3. 教材、教学参考资料使用建议

教材选用应贯彻以培养专业能力、方法能力等综合素质为目标,以工作过程为主线、强调理论与实践的结合、陈述性知识和过程性知识相结合、注重理论实践一体化。

参考资料要及时进行总结整理，形成成果，逐年提升。

（二）教学建议

教学过程是教师与学生互动的过程，需要教师与学生良好的配合才能达到目标。教师是引导者，学生要积极参与和响应，是学习活动的主体。具体建议如下：

（1）教师要作为学习活动的指导者，以学生为中心，优化学习方式，设计教学做一体化的学习环境，坚持"做中学，学中做"的教学模式。

（2）在每个学习单元的学习过程中，都要留出一定的时间，与学生进行讨论，鼓励学生提出自己感兴趣的问题，并选择其中最有探究价值的问题作为小组或全班共同研究的课题，然后引导寻求答案和研究讨论，从而提高学生的学习兴趣。

（3）教师应根据不同教学内容注意采用多样化的教学方式，如实物演示、讲授、辩论、仿真模拟、案例分析、专题讨论、项目设计、小组合作等。

（4）加强培养学生自主学习和实际动手能力，教学过程中，应立足于加强学生实际动手能力的培养，采用项目教学、任务驱动等方法提高学生学习兴趣。在每个情境教学中，尽可能采用多媒体教学、实验仿真软件、实物教学等。

（5）教师在重视知识教学的同时，要重视学生素养和能力目标的实现，首先在设计教学过程时就要有预见，在示范、讲解时就可以进行引导，另外通过各个学生具体的操作事件、做事的细节或不同的方式，发现学生做事的不同态度，给予引导、鼓励、启发、纠正等。

（三）教学考核评价建议

本课程总评成绩评定采用百分制，平时学习情况占20%（平时作业完成情况占10%、实验占15%、出勤占5%，任课教师要重视学生平时学习情况的跟踪、检查和评价），项目一成绩占20%，项目二成绩占25%，项目三成绩占35%。

（四）课程资源的开发与利用

课程资源是决定课程目标是否有效达成的重要因素，课程资源应当具备开放性特点，适应于学生的自主学习、主动探究。为适应基于模块化的工作过程和体现课程"基础性"、"应用性"、"先进性"的指导性教学模式的开展，必须大力开发与课程相关的网络教学资源、学习评价表、实训指导书、教学课件、教学视频等教学文件。

（1）学校的课程资源建设。学校提供的课程资源包括教材、教具、仪器设备、模拟软件、有关的图书及报纸、期刊杂志、音像资料或多媒体课件，校园网资源（数据库、数字图书馆、电子期刊等），还包括国家级、省级、校级的精品课程资源等。

（2）利用各种媒体资源，包括报纸、杂志、广播、电视、互联网等。

（五）其他说明

传感器及检测技术课程在整个人才培养计划中起着承前启后的作用。目前，我院有近6个专业的学生学习该课程。在学习了模拟电子技术、数字电子技术后，学生具备了一定的电子电路原理分析、参数计算、信号处理的能力；通过传感器及检测技术课程的学习，学生可以进一步掌握电子电路原理分析、参数计算、信号处理等知识，提高学生的实际应用能力，同时为后续从事相关自动控制工作奠定良好的基础，如工业中的运动控制、过程控制等，与PLC应用技术、变频控制技术、伺服控制技术等完美结合。

自动检测技术涉及传感器技术、检测技术、抗干扰技术、接口技术等。该技术的应用领域十分广泛,如工业窑炉的炉温控制、压力的自动调整、机车轴温检测、空气质量监测、交通运输、周界报警、智能监控等。由于该技术的实用性非常强,发展潜力大,在实现自动控制和自动控制系统的精度要求中起到非常关键的作用。

因此,组织好和管理好对该门课程的教学有重要意义,该课程是我院电气化铁道技术、机电一体化技术、轨道交通控制、智能交通、工程机械控制、汽车电子技术等专业的专业课程。

课程 11　智能楼宇布线与安装

课程名称:智能楼宇布线与安装
课程性质:控制平台课程
建议学时:48(理论 8 学时、实践 40 学时)
适用专业:电气化铁道技术、电气自动化

一、前言

(一)课程定位

智能楼宇布线与安装是电气自动化专业与电气化铁道技术的一门核心平台课课。楼宇智能化是采用计算机技术对建筑物内的设备进行自动控制,对信息资源进行管理,为用户提供信息服务,它是机电技术适应现代社会信息化要求的结晶。设置该课程的目的是使该专业学生掌握楼宇智能化系统的结构、组成、工作原理等理论知识,具备楼宇智能化系统的安装、管理与维护等实践能力。本课程注重实用技术和职业素质的培养,对实现专业人才培养目标起重要作用,是专业课程学习和顶岗实习的桥梁,同时为学生毕业后能够胜任工作岗位提供了很好的纽带作用。

(二)教学设计思路

智能楼宇布线与安装是一门理论性与实践性都很强的专业课。课程的总体设计思路是:以培养职业能力为核心,以职业实践为主线,构建理实一体化的课程教学模式,积极探索教学方法与成绩评价方法的创新,保证课程目标的实现。

课程设置的依据是电气化铁道技术专业工作岗位群的职业能力和素质要求。课程内容的选取是按照楼宇智能化技术课程涉及的工作领域和工作任务范围,在具体设计过程中,以智能楼宇各子系统为载体,使工作任务具体化,产生具体的学习项目。项目编排是以任务项目形式对每个子系统从工作原理、设备组成等知识进行讲解,进行系统的施工图识读设计、设备安装等技能操作,力求同实际工程相结合,突出职业技能的培养。依据工作任务完成的需要、高等职业院校学生的学习特点和职业能力形成的规律,按照智能楼宇管理师职业资格标准确定课程的知识、技能等内容。

二、课程目标

(一)知识目标

(1)掌握楼宇智能化相关技术。
(2)理解典型智能楼宇设备的功能。

(3)理解智能楼宇各子系统的特点、结构和组成。
(4)理解智能楼宇各子系统的工作原理和接线方法。
(5)掌握楼宇智能化技术相关标准规范。

(二)能力目标

(1)能熟练构建智能楼宇各子系统。
(2)会熟练调试智能楼宇各子系统的功能。
(3)能分析楼宇智能设备的运行状况并进行归档。
(4)能分析系统故障并提出解决实际问题的方法。
(5)能制订出切实可行的智能楼宇系统设计方案。

三、课程内容与要求

课程内容与要求见表3-9。

智能楼宇布线与安装课程内容与要求 表3-9

序号	工作项目	能力要求	模块	任务	参考学时
1	项目一 可视对讲门禁及室内安防系统	**知识：** 1. 了解电力系统远动的功能； 2. 掌握远动信息及传输模式； 3. 了解远动系统的基本结构； 4. 了解调度自动化系统 **技能：** 能够独立操作调度员工作站，能够探索系统各种功能并且分析原因	1. 可视室内机的安装、连接与使用	1. 管理中心机的接线； 2. 室外主机、可视室内分机的安装与调试； 3. 层间分配器与安防探测器的安装与调试； 4. 上位机软件的安装与使用	8
			2. 可视室内机常见故障的排除	1. 无法呼叫或无法响应呼叫； 2. 室外主机呼叫室内分机或室内分机监视室外主机时显示屏不亮	
2	项目二 闭路电视监控及周边防范	**知识：** 1. 掌握远动技术监控设备的原理； 2. 理解故障产生后的信号传输； 3. 掌握监控系统接收控制命令的方式 **技能：** 能够进行线路故障的诊断	1. 闭路电视监控的安装	1. 视频线的BNC接头制作； 2. 万向云台和解码器间的连接； 3. 摄像机、矩阵、硬盘录像机和监视器间的连接	6
			2. 周边防范系统的安装	1. 周边防范系统接线； 2. 系统编程及操作	
3	项目三 综合布线实训	**知识：** 1. 掌握系统的通信硬件； 2. 了解通信的基础原理； 3. 掌握线路的类别； 4. 掌握模块的接线； 5. 掌握数据跳线的方法 **技能：** 能够进行智能楼宇的布线计划	1. 主要模块及安装	1. 电话程控交换机、以太网交换机； 2. RJ45配线架和电话配线架	10
			2. 系统接线	1. RJ45配线架、电话配线架的接线； 2. 模块的接线； 3. 制作ANSI/TIA/EIA 568-B数据跳线； 4. 系统布线； 5. 制作语音跳线	

续上表

序号	工作项目	能力要求	模块	任务	参考学时
4	项目四 消防报警控制器	知识： 1. 掌握各种所用传感器的形式； 2. 了解模拟火灾报警的过程； 3. 掌握系统显示面板的设定； 4. 掌握主题模块的安装； 5. 掌握联动系统的模式 技能： 能够进行报警控制器的设定	报警控制器的安装与设定	1. 火灾报警控制器； 2. 系统设备编码； 3. 感烟、感温探测器的认知； 4. 系统显示面板的操作； 5. 主要模块的一体化控制系统； 6. 消防系统联动公式的设定	10
5	项目五 DDC 监控及照明控制实训	知识： 1. 掌握 DDC 监控系统的结构； 2. 了解系统的接线方式； 3. 掌握接线图的识读； 4. 掌握控制模块的作用与设定 技能： 能够进行监控系统故障的维修	1. DDC 系统的前期工作	1. DDC 系统的模型认知； 2. 接线与操作说明，易出错环节的标记； 3. 系统接线图的识记与绘制	14
			2. 系统的后期工作	1. DDC 系统的安装与调试； 2. HW-BA5210 DDC 控制模块的功能性调试； 3. 选取典型故障分析与排除	
合计					48

四、实施建议

(一)教材选用和编写建议

1. 教材选用

本课程主要以教师自制讲义为主，以教师自制的任务书为辅，结合自制课件进行教学。其次参考实验设备的使用指导书，加入网络资料完善实训项目设计。参考教材为侯家奎主编，重庆大学出版社出版的《楼宇智能化系统综合实训》。

2. 教材编写原则与要求

(1)根据专业人才培养方案的总体设计思想及本课程的教学目标要求选用合适的理论实践一体化的项目课程教材。

(2)根据高职教学特点及专业人才培养方案和本课程标准，开发院本教材。教材开发的建议为：

①组织开发专业主干课程系列教材，以更好地实现专业人才培养目标；

②开发教材的主编和主审，须是直接参与人才培养方案和课程标准制订的骨干教师；

③教材结构和内容须符合人才培养方案和课程标准提出的要求，讲究“实在”、“实效”，编排时要符合五年制高职教学的特点和要求；

④选取的项目或课题应将企业的实际应用和学校的实际有机结合，由浅入深，由简到繁，

循序渐进,符合学生的学习基础和认知规律的原则;

⑤教材编写应充分体现理论实践一体化教学的特点,理论知识和实践操作有机结合,内容的选择力求明确,可操作性强,便于贯彻“做中学、学中做”的理念;

⑥教材语言平实、图文并茂,便于学生自主学习,注重新技术、新知识、新工艺、新方法的介绍,适度关注学生的可持续发展,为学有余力的学生留下进一步拓展知识能力的内容和空间。

鼓励学生自主地寻找一些变频供水方面的资料,查阅互联网上的一些新资料,利用闲暇时间去完成课程中的一些统计信息。

(二)教学建议

(1)增加专业课课堂教学的内容承载。不但有知识的传授,还有楼宇自动化系统设计训练;不但有专业内容的教学,还有基本素质(设计能力、协作能力和学习能力)的训练。

(2)本课程以先进的建构主义学习理论为指导,采用“教、学、做相结合的引探教学法”。教师的任务是引导,不是灌输;学生的工作是对知识的探索和对技能的主动练习,不是死记结论。

(3)课程内容的选材以培养学生的能力为中心,注意实用性、操作性、先进性和科学性。叙述方式注意照顾普高生与职高生的特点,从初学者的认识规律出发组织教材内容。

(4)不但有每堂课的课程讲授的设计(微观设计),而且有全学期的整体安排(宏观设计)。实现全课程教学内容的双循环。

(5)课内设计的任务是进行综合能力训练,不可以用单项的作业取代。学生要完整地完成楼宇自动化系统设计任务,以积累职业岗位上不可或缺的综合经验,锻炼本专业的综合能力。

(6)每次课程不是从定义出发,而是以实际问题引入,以实例引导,以实例功能的改进为动力。从实践到经验再上升到理论。努力调动学生的学习积极性,千方百计提高学生的参与程度。课内外结合,讲、作、问、答、练、考多线并进,使整个课程成为一个有机的整体。教学过程中,讲授、问答、练习、考核等内容多线并行、有条不紊地推进。

(三)教学考核评价建议

改革传统的学生评价方法,采用阶段(过程性)评价,目标评价,项目评价,理论与实践一体化评价模式;实施评价主体的多元化,采用教师评价、学生自我评价、社会评价相结合的评价方法。

具体的评价手段可以采用观测、现场操作、提交实验报告、闭卷或开卷测试等,评价重点为学生动手能力和实践中分析问题、解决问题能力(及创新能力),对在学习和应用上有创新的学生应予特别鼓励。每组要进行系统的设计、调试,写出实训报告,并进行答辩,该部分占总成绩的80%,出勤、作业与课堂答问占总成绩的20%。

(四)课程资源的开发与利用

(1)充分发挥校内外实习基地的功用,聘请实践性强的技术人员和工人师傅来校指导,多组织学生进行供配电实地参观,有条件的应争取将学生分成若干小组分别到实习基地进行供配电实践,以强化学生的专业技能。

(2)充分利用已有的各类教学资源,选用符合教学要求的录像、多媒体课件、电影、资料文献等资源辅助教学,要注意介绍机械装调的新工艺、新技术、新成果,以拓展学生眼界,提高教学的效率、水平和质量。

(3)针对教学的需要和难点、对技术性强、学校能力(含师资)滞后的内容,要充分利用联合技术学院机电协作组的资源优势,相互学习帮助,以促进相关课程教学,特别是对一些尚未开发但能切实提高教学效率和质量的相关教学资源,要组织力量,开发相应的影像资料、多媒体课件、PPT 文本资料等辅助教学,并逐步实现资源共享,共同提高。

第四部分

专业基础平台课程标准

课程12　轨道交通概论

课程名称:轨道交通概论
课程性质:专业基础平台课程
建议学时:32学时
适用专业:电气化铁道技术

一、前言

(一)课程定位

本课程主要面向电气化铁道技术等专业,为专业基础课程,安排在第二学期上,共32个学时,后续课程为轨道交通系统认知,旨在培养学生的对轨道交通有宏观了解与认识,提高学生分析问题和团队合作的能力,为后续专业核心课学习打下基础。

(二)教学设计思路

以项目为驱动,设计项目课程,分为八大项目。项目一:认识轨道交通;项目二:轨道交通工程;项目三:轨道交通车站;项目四:轨道交通车辆;项目五:城市轨道交通通信;项目六:城市轨道交通信号系统;项目七:城市轨道交通运营组织;项目八:城市轨道交通车辆段。项目与项目之间并行结构,按照类型进行分项目讲解。

二、课程目标

(一)知识目标

(1)轨道交通发展现状的认识。
(2)轨道交通的建设规模、实施。
(3)城市快速轨道交通系统组成及路网规划。
(4)掌握中间站、会让站和越行站的区别。
(5)铁路车辆的车辆分类及其用途。
(6)城市轨道交通通信概述。
(7)城市轨道交通信号系统的组成。
(8)城市轨道交通运营组织概述。
(9)城市轨道交通车辆段规划与设计。

(二)素质目标

(1)培养学生良好的职业道德、科学严谨的工作态度。

(2)培养学生良好的沟通能力和优秀的团队协作精神。

(3)培养学生勇于创新、与时俱进的工作作风。

授课班学生组建小组,从方案设计、论证、实施、跟进、过程资料收集、测试、评价一系列的流程,培养学生严谨、积极、富有创意、合作、包容的心态。养成学生整理、整顿、清理、清洁、素养的意识。

三、课程内容与要求

课程内容与要求见表4-1。

轨道交通概论课程内容与要求 表4-1

序号	工作项目	能力要求	模块	任务	活动设计	参考学时
1	项目一 认识轨道交通	**知识:** 1. 总述轨道交通; 2. 铁路的发展及现状; 3. 城市轨道交通发展历史 **技能:** 通过对轨道交通的了解与认识,学会分析项目的流程,以时间为线,认识轨道交通的发展及给现代人带来的便利	1. 轨道交通定义; 2. 轨道交通历史; 3. 城市轨道交通发展史	1. 分析轨道交通功能及发展; 2. 城市轨道交通近几年的发展现状	1. 分组,组成团队; 2. 回顾轨道交通发展史; 3. 讨论目前城市轨道交通的现状; 4. 目前乌鲁木齐轨道交通的发展; 5. 总结讨论评价	4
2	项目二 轨道交通工程	**知识:** 1. 设计年限与设计阶段; 2. 轨道交通的建设规模、实施; 3. 城市快速轨道交通系统组成及路网规划 **技能:** 1. 熟悉基本的轨道交通工程设计、规模建设、实施及路网规划; 2. 学会轨道交通客流的预测和分析; 3. 熟悉明挖地下结构的设计与施工	1. 轨道交通设计与规模建设、实施; 2. 轨道交通客流预测分析及地下结构施工设计	1. 熟悉轨道交通前期实施准备工作; 2. 对轨道交通客流量预测分析; 3. 地下施工设计方法	1. 任务制订; 2. 分析城市轨道交通前期建设的必要性; 3. 讨论轨道交通工程设计与施工方法; 4. 讨论路网规划的依据; 5. 施工过程中的地下结构施工注意事项; 6. 总结讨论评价	4
3	项目三 轨道交通车站	**知识:** 1. 熟悉车站的定义、分类及车站线路种类与线路间距; 2. 掌握中间站、会让站和越行站的区别 **技能:** 1. 掌握轨道交通车站结构功能及分类; 2. 能联系实际分辨车站类型与区别	1. 车站组成; 2. 车站中常见辅助设备	1. 车站功能分析; 2. 分布区域与类别; 3. 常见辅助设备功能	1. 明确任务; 2. 认识轨道交通车站; 3. 分析其分类、功能结构; 4. 案例讨论分析具体车站案例; 5. 车站中常见辅助设备; 6. 过程资料收集内容补充; 7. 总结评价知识点汇总	4

续上表

<table>
<tr><th>序号</th><th>工作项目</th><th>能 力 要 求</th><th>模块</th><th>任务</th><th>活 动 设 计</th><th>参考学时</th></tr>
<tr><td rowspan="4">4</td><td rowspan="4">项目四
轨道交通车辆</td><td rowspan="4">**知识：**
1. 铁路车辆的分类及其用途；
2. 地铁车辆的系统构成及车辆基本设计参数；
3. 列车编组及联挂方式；
4. 车辆限界与整车测量
技能：
1. 掌握轨道交通车辆的系统构成、分类及用途；
2. 能熟练掌握列车编组方式，学会对车辆衔接及整车进行测量</td><td>1. 轨道交通车辆概述</td><td>1. 选定任务，查询资料；
2. 分析其功能、分类及用途</td><td>1. 组队选定任务；
2. 讨论明确分工；
3. 实施对轨道交通车辆的认识和了解</td><td rowspan="4">4</td></tr>
<tr><td rowspan="3">2. 轨道交通车辆结构设计及列车编组</td><td>1. 车辆设计的基本参数</td><td>1. 具体实施方法；
2. 进度跟进</td></tr>
<tr><td>2. 列车编组方式</td><td>1. 编组方法；
2. 联挂方式</td></tr>
<tr><td>3. 界限测量</td><td>1. 客观、准确、细心；
2. 掌握界限测量的方法，并讨论其重要的意义</td></tr>
<tr><td rowspan="3">5</td><td rowspan="3">项目五
城市轨道交通通信</td><td rowspan="3">**知识：**
1. 城市轨道交通通信功能作用；
2. 城轨通信系统的组成；
3. 通信系统作用
技能：
1. 能正确学会分析 个项目从开始到结束整个项目的流程；
2. 能够有很好的沟通、团队合作</td><td rowspan="2">1. 轨道交通通信概述</td><td>1. 通信系统的发展</td><td>1. 分组、明确任务；
2. 分析通信系统发展及现状</td><td rowspan="3">4</td></tr>
<tr><td>2. 通信系统的重要作用</td><td>1. 讨论通信系统在轨道交通中的作用，以具体实例说明；
2. 通信系统中的问题讨论及改进设想</td></tr>
<tr><td>2. 通信系统组成</td><td>通信系统的结构及组成</td><td>1. 具体功能结构分析；
2. 举例车站中的通信系统组成</td></tr>
<tr><td>6</td><td>项目六
城市轨道交通信号系统</td><td>**知识：**
1. 城市轨道交通信号系统的组成；
2. 城市轨道交通信号系统
技能：
1. 能掌握城市轨道交通信号系统的基本组成，地域划分、线路划分；
2. 学会分析轨道交通信号系统中区间闭塞、车站联锁的关系</td><td>1. 信号系统的组成；
2. 信号系统的内容</td><td>1. 基本组成；
2. 地域划分；
3. 车辆段信号系统；
4. 正线信号系统；
5 区间闭塞、车站联锁；
6. 列车运行自动控制系统</td><td>1. 任务制订；
2. 分析城市轨道交通信号系统组成；
3. 讨论城市轨道交通信号系统的重要性；
4. 用实例说明城市轨道交通信号系统的具体应用；
5. 采集资料说明信号系统中区间闭塞、车站联锁的关系；
6. 总结讨论评价</td><td>4</td></tr>
</table>

续上表

序号	工作项目	能力要求	模块	任务	活动设计	参考学时
7	项目七 城市轨道交通运营组织	**知识：** 1. 运营组织概述； 2. 运营控制中心； 3. 行车组织 **技能：** 1. 能掌握运营组织的基本概念、控制中心的作用； 2. 学会行车组织的形式与技巧	1. 客运设备设施布置； 2. 运营服务的设备； 3. 控制中心的设备功能； 4. 列车运行图	1. 运营组织概述； 2. 设施布置； 3. 控制中心的设备功能； 4. 行车调度指挥； 5. 列车运行组织； 6. 车站行车组织	1. 任务制订； 2. 分析轨道交通运营组织的构成及功能； 3. 讨论城市轨道交通运营组织的工作任务； 4. 控制中心设备的组成及功能； 5. 采集资料，初步认识城市轨道交通运营组织中行车调度及列车运行如何操作； 6. 总结讨论评价	4
8	项目八 城市轨道交通车辆段	**知识：** 1. 能掌握车辆段的组织机构及其功能； 2. 熟悉地铁车辆段总平面布置基本形式及其特点； 3. 地铁车辆段及停车场布点 **技能：** 1. 城市轨道交通车辆段规划与设计； 2. 城市轨道交通车辆段信号设计； 3. 城市轨道交通车辆段停车场及洗车线	1. 车辆段组织机构； 2. 车辆段出入线的设置； 3. 车辆段设计	1. 车辆段一般技术要求； 2. 车辆段总结构布置； 3. 总平面设计特点； 4. 出入线设计要求； 5. 车辆段及停车场的分布	1. 任务制订； 2. 分析城市轨道交通车辆段的组织构成及功能； 3. 讨论城市轨道交通车辆段的工作任务； 4. 车辆段总体平面分布形式及特点； 5. 采集资料，掌握车辆段及停车场分布以及车辆段出入线的设计方法； 6. 总结讨论评价	4
合计						32

四、实施建议

（一）教材选用和编写建议

1. 教材选用

院本教材《轨道交通概论》。

2. 教材编写原则与要求

主要针对上述八大项目进行理论讲解，任务要求下达，组织实施及工单制订，将几大项目做成统一的标准，组织实施。

3. 教学参考资料使用建议

无

（二）教学建议

班级分组学生不宜过多，5～6 人一组，分工明确，严格按照任务执行，注意过程资料的收集工作。

(三)教学考核评价建议

教学考核分为:过程性考核与项目汇报相结合的方法。

形式分为:自主考核。

(四)课程资源的开发与利用

(1)充分利用学校的课程资源库、报刊、教学挂图、投影片、音像资料和教学软件等。

(2)利用校外资源网络、媒体、国内国际前沿知识来扩展学生的视野。

(五)其他说明

本课程面向电气化铁道技术专业的学生,作为专业基础课,为后续专业核心课学习做好铺垫,培养学生项目化意识及团队合作的能力。

课程 13　轨道交通系统认知

课程名称：轨道交通系统认知
课程性质：专业基础平台课程
建议学时：32 学时
适用专业：电气化铁道技术

一、前言

（一）课程定位

本课程主要面向电气化铁道技术等专业，为专业基础课程，安排在第二学期上，共 32 个学时，前续课程为轨道交通概论，旨在培养学生的对轨道交通系统的宏观了解与认识，提高学生分析问题和团队合作的能力，为后续专业核心课学习打下基础。

（二）教学设计思路

以项目为驱动，设计项目课程，分为五大项目。项目一：售检票系统认知；项目二：屏蔽门系统的认知；项目三：消防系统认知；项目四：拓展其他轨道交通系统认知；项目五：乌鲁木齐地铁的认知。按照熟悉、认识、强化、发挥、创意展示、评价这样一条脉络进行教学组织。

二、课程目标

（一）知识目标

（1）熟悉售检票系统概念、作用及分布。
（2）熟悉屏蔽门系统概念、作用及分布。
（3）掌握屏蔽门系统的结构、操作流程。
（4）熟悉消防系统作用、分类及分布。
（5）掌握消防系统中的消防栓、灭火器的使用方法、紧急消防事故处理程序。

（二）素质目标

（1）培养学生良好的职业道德、科学严谨的工作态度。
（2）培养学生良好的沟通能力和优秀的团队协作精神。
（3）培养学生勇于创新、与时俱进的工作作风。

授课班学生组建小组，从方案设计、论证、实施、跟进、过程资料收集、测试、评价一系列的流程，培养学生严谨、积极、富有创意、合作、包容的心态，养成学生整理、整顿、清理、清洁、素养的意识。

三、课程内容与要求

课程内容与要求见表4-2。

轨道交通系统认知课程内容与要求 表4-2

<table>
<tr><th>序号</th><th>工作项目</th><th>能力要求</th><th>模块</th><th>任务</th><th>活动设计</th><th>参考学时</th></tr>
<tr><td>1</td><td>项目一
售检票
系统认知</td><td>知识：
1. 熟悉售检票系统的概念、作用及分布；
2. 掌握售检票系统的结构、售票及检票流程
技能：
认识自动检票机、自动售票机、半自动售票机的各个部分组成及其功能</td><td>1. 自动检票机；
2. 自动售票机；
3. 半自动售票机</td><td>1. 自动检票机功能结构；
2. 自动售票机功能结构；
3. 半自动售票机功能结构</td><td>1. 分组，组成团队；
2. 分析自动售检票的概念及分布；
3. 讨论自动售检票的分类及常用操作；
4. 自动售检票的人性化设计；
5. 总结讨论评价</td><td>4</td></tr>
<tr><td>2</td><td>项目二
屏蔽门系统的认知</td><td>知识：
1. 屏蔽门的作用及分布；
2. 屏蔽门系统安全保护措施
技能：
能正确分析屏蔽门系统的动作原理、结构及常用操作</td><td>1. 屏蔽门的系统结构；
2. 安全保护措施</td><td>1. 认识动作原理；
2. 熟悉系统结构；
3. 系统安全保护措施</td><td>1. 分组，组成团队；
2. 分析屏蔽门的概念及分布；
3. 讨论屏蔽门系统的分类及常用操作；
4. 屏蔽门系统的安全保护措施；
5. 总结讨论评价</td><td>4</td></tr>
<tr><td rowspan="3">3</td><td rowspan="3">项目三
消防系统认知</td><td rowspan="3">知识：
1. 车站消防系统的作用及分布；
2. 消防系统的分类；
3. 消防紧急疏散措施技能
技能：
1. 能正确独立搭建环境建立工程；
2. 能掌握舵机调试及电机调试技巧</td><td rowspan="2">1. 消防系统功能及分布</td><td>1. 整体系统功能分析</td><td>1. 功能分析；
2. 常见分类</td><td rowspan="2">4</td></tr>
<tr><td>2. 分布区域</td><td>1. 分析分布原则；
2. 消防通道的设置</td></tr>
<tr><td>2. 消防栓、灭火器使用</td><td>1. 消防栓使用注意事项；
2. 学会灭火器的使用；
3. 掌握消防紧急疏散措施</td><td>1. 正确使用消防栓；
2. 常见灭火器的使用方法；
3. 常见急救方法；
4. 事故紧急疏散措施；
5. 归纳总结消防系统的重要性</td><td>4</td></tr>
<tr><td rowspan="4">4</td><td rowspan="4">项目四
拓展其他轨道交通系统认知</td><td rowspan="4">知识：
1. 熟悉项目的功能结构及分类分布情况；
2. 常见的系统的操作方法
技能：
1. 对比前三个项目自选一轨道交通系统进行分析；
2. 能熟练掌握分析问题的流程、方法</td><td>1. 系统的功能分析及分布</td><td>1. 选定任务；
2. 分析功能及分布</td><td>1. 组队选定任务；
2. 讨论明确分工；
3. 实施对系统的认识和了解</td><td>4</td></tr>
<tr><td rowspan="3">2. 系统分析的流程及方法掌握</td><td>1. 实施计划制订</td><td>1. 具体实施方法；
2. 进度跟进</td><td rowspan="3">4</td></tr>
<tr><td>2. 过程资料收集</td><td>1. 资料收集；
2. 信息反馈及微调方案</td></tr>
<tr><td>3. 总结评价</td><td>1. 客观、公平、公正；
2. 回顾与总结评价</td></tr>
</table>

续上表

序号	工作项目	能力要求	模块	任务	活动设计	参考学时
5	项目五 乌鲁木齐地铁的认知	**知识：** 1.熟悉一个项目制作流程及资料收集； 2.展示视频拍摄 **技能：** 1.能正确学会一个项目从开始到结束整个项目的流程； 2.能够有很好的沟通、团队合作； 3.合影留念	1.乌鲁木齐地铁规划	1.乌鲁木齐市地铁现状	1.地铁线路规划情况； 2.进度及周边的商业区发展	4
				2.展望未来	1.“丝绸之路”经济带中作用； 2.期待	
			2.身临其境乌鲁木齐市地铁	1.创意展示	1.制定创意方案； 2.视频制作讲解或者其他	4
				2.过程付出	1.过程困难； 2.最终的收获	
				3.团队视频资料	1.项目的结束总结； 2.项目不足及后续的改进	
合计						32

四、实施建议

(一)教材选用和编写建议

1.教材选用

自编《轨道交通系统认知》实训指导书。

2.教材编写原则与要求

主要针对上述五大项目进行任务要求的下达,组织实施及工单制订,将几大项目做成统一的标准,组织实施。

3.教学参考资料使用建议

无

(二)教学建议

班级分组学生不宜过多,5~6人一组,分工明确,严格按照任务执行,注意过程资料的收集工作。

(三)教学考核评价建议

教学考核分为:过程性考核与项目汇报相结合的方法。

形式分为:自主考核。

(四)课程资源的开发与利用

(1)充分利用学校的课程资源库、报刊、教学挂图、投影片、音像资料和教学软件等。

(2)利用校外资源网络、媒体、国内国际比赛赛事等前沿科技来扩展学生的视野。

(五)其他说明

本课程面向电气化铁道技术专业的学生,作为专业基础课,为后续专业核心课学习做好铺垫,培养学生项目化意识及团队合作的能力。

第五部分

核心平台课程标准

课程 14　牵引供电规则

课程名称：牵引供电规则
课程性质：核心平台课程
建议学时：64 学时
适用专业：电气化铁道技术

一、前言

（一）课程定位

牵引供电规则是电气化铁道技术专业的一门核心平台课程。本课程主要使学生掌握牵引供电系统接触网和牵引变电所的安全工作规程和运行检修规程，让学生熟悉供变电现场工作制度，确保岗位工作的安全性和检修工作的标准化。通过学习使学生具备本专业必需的接触网和牵引变电所检修作业安全及检修作业程序的基本技能和基本知识，培养学生“安全第一、预防为主”的安全意识，初步具备安全作业的能力。

（二）教学设计思路

牵引供电规则主要为法规和理论，但又贯穿牵引供电工作过程的始终。为体现其专业和课程特点，本课程采用理论为主，介绍应用性为辅的教学思路，采用“项目教学法”，以工作组为单位，分情境实施教学，每一模块安排其对应的教学内容，由浅入深、逐步递进。把重点放在建立学生安全意识，结合专业规范学生供电安全操作，教学遵循学以致用原则，结合生产生活实际，使每一教学内容有具体的目的、明确的任务，强调教学内容与岗位实际、专业课的紧密联系，通过师生共同参与，共同努力，达成教学目标。

二、课程目标

以职业岗位需要作为课程目标，通过该课程的学习，使学生掌握牵引供电规程与规则的基本安全知识和基础技能，初步形成解决生产现场实际问题的应对能力；培养学生的思维能力和安全意识，培养学生安全生产的能力；提高学生的综合素质，规范操作意识。今后将加强与企业合作，共同确定电气化铁道供电人才职业岗位要求，更好地制订出人才培养目标方案。

(一)知识目标

(1)掌握接触网安全工作规程的总则、一般规定、作业制度。
(2)掌握接触网高空作业、停电作业、倒闸作业的标准化作业程序。
(3)掌握接触网维修技术和大修技术标准。
(4)掌握牵引变电所各种检修作业制度。
(5)掌握牵引变电所检修范围和标准。
(6)掌握牵引供电事故管理规则。

(二)能力目标

(1)能迅速适应接触网作业的防护岗位。
(2)能安全规范地进行牵引变电所的值班和巡视。

(三)素质目标

(1)认识安全生产的重要意义,牢固树立安全生产的思想。
(2)初步具备"安全第一、预防为主"的安全意识。
(3)初步具备贯彻执行"修养并重、预防为主"检修方针的能力。
(4)初步具备接触网、牵引变电所安全作业的能力。

三、课程内容与要求

课程内容构建符合学生认知和操作的规律,体现课程的特色,为专业服务和职业岗位能力的培养服务。

课程内容设计符合高技能人才培养目标和专业相关技术领域职业岗位(群)的任职要求,学习完本课程应达到初步具备接触网、牵引变电所安全作业的能力要求。具体教学内容设计见表5-1。

牵引供电规则课程内容与要求 表5-1

<table>
<tr><th>序号</th><th>工作项目</th><th>能力要求</th><th>模块</th><th>任务</th><th>活动设计</th><th>参考学时</th></tr>
<tr><td rowspan="4">1</td><td rowspan="4">项目一
接触网高空作业工作规程</td><td rowspan="4">知识:
1. 电气化铁路常规管理模式;
2. 安全等级制度体系;
3. 接触网运行和检修人员具备的条件
技能:
1. 能够区分停电作业、间接带电作业、原理作业的区别;
2. 能够进行工作票的识读与填写</td><td rowspan="2">高空作业的一般规定</td><td rowspan="2">1. 鉴别高空作业的工作种类;
2. 高空作业前的机具、人员、材料准备</td><td rowspan="4">1. 分小组进行高空作业规章规程的识记;
2. 小组进行讨论,分享自己认为重要的条例;
3. 展示收集的与高空作业相关的事故案例的材料;
4. 分析案例中未遵守的条例;
5. 小组讨论并且提出改进措施</td><td>4</td></tr>
<tr><td>4</td></tr>
<tr><td rowspan="2">登梯作业的要求</td><td rowspan="2">1. 作业工作车梯必须符合的要求;
2. 作业中的安全规定以及预防措施</td><td>4</td></tr>
<tr><td>4</td></tr>
</table>

续上表

序号	工作项目	能力要求	模块	任务	活动设计	参考学时
2	项目二 牵引供电接触网设备检测和质量鉴定	**知识：** 1. 掌握“预防为主、修养并重”的方针； 2. 掌握接触网设备安全运行的检修制度； 3. 掌握巡视及检测的方法； 4. 掌握质量鉴定的范围及制度 **技能：** 1. 能够进行设备的步行巡视，能说出其中注意的事项； 2. 能进行设备质量的鉴定	接触网设备的检测	1. 巡视； 2. 检测； 3. 全面检查； 4. 非常规检测	1. 明确步行检测的项目与要求； 2. 巡视记录表的填写； 3. 静态检测与动态检测的项目与方法； 4. 表格的正规填写	8
			接触网设备的质量鉴定	1. 参数检测及评价方法； 2. 质量鉴定统计以及表格的填写	1. 鉴定范围的划分； 2. 质量等级的分类； 3. 鉴定结果的详细登记； 4. 鉴定中发现设备缺陷的处理	6
3	项目三 牵引变电所高压设备作业的规程	**知识：** 1. 掌握带电作业的分类； 2. 安全距离的定义； 3. 检修作业的工作票相关知识 **技能：** 1. 能进行高压设备工作票的填写； 2. 能掌握高压设备作业的流程	高压设备作业流程	1. 高压设备作业相关人员的要求与规定； 2. 设备运行与巡视的内容要求； 3. 高压设备作业流程	1. 将学生进行分组； 2. 讲解每种工作的要求与注意事项； 3. 分组分角色进行模拟演练； 4. 过程资料的收集； 5. 总结评价	8
			高压设备安全管理措施	1. 设备安全管理措施； 2. 人员安全教育制度； 3. 设备维护保养制度	1. 将学生进行分组； 2. 进行对应制度措施的解读； 3. 收集实际案例进行分析； 4. 过程资料的收集； 5. 展示汇报总结评价	6
			变电所高压设备作业演练	1. 演练的目的； 2. 演练的步骤； 3. 作业工作票的填写； 4. 作业的安全规定	1. 确定任务、小组合作讨论； 2. 对演练目的认识及步骤场地选择； 3. 要令、消令的处理； 4. 进行设备作业的演练； 5. 分组进行经验的分享	8
4	项目四 牵引变电所检修规程	**知识：** 1. 规范管理，分级负责的制度； 2. 交接验收； 3. 设备的检修范围与标准； 4. 试验项目、周期及要求 **技能：** 1. 能够进行设备运行前的检修； 2. 能够使用设备检修的标准用语	交接验收的工作项目	1. 技术文件以及投入； 2. 运行前的工作准备； 3. 断路器、变压器巡视标准用语	1. 收集技术性文件资料； 2. 分组分析投入生产前的工作要求； 3. 各组采取不同的标的物进行演练； 4. 各小组进行交流评价； 5. 总结成果展示	6
			检修范围和标准	1. 变压器小、大修范围标准； 2. 互感器小、大修范围标准； 3. 断路器小、大修范围标准	1. 收集相关事故的案例； 2. 分组分析不同设备案例并进行交流； 3. 各小组总结事故原因与大修、小修中不遵守相关标准的关联性； 4. 总结评价	6
合计						64

四、实施建议

(一)教材选用和编写建议

1. 教材选用

教材选用中国铁道出版社出版的《牵引供电规程与规则》,也可以采用自编教材。

2. 教材编写原则与要求

教材应注重与实际工作环节的联系,注重学生安全意识、规范操作习惯的培养与综合素质的提高。多选取一些实际案例,让学生信服不遵守安全规则带来的教训,从而可以在学生的心里牢牢树立一名负责任的技术人员的必要性。

3. 教学参考资料使用建议

牵引供电规则相关教学参考资料较多,在学习过程中仅是从中选取需要的章节内容进行参考,可以在图书馆查阅电工基础或电工技术相关书籍,或者可以直接利用网络资源进行搜索查询,以满足对理论知识掌握的需求。

(二)教学建议

教学方法上,重视案例教学的必要性,多从实际的铁路工作系统收集一部分经典案例进行教学。同时根据时代的发展,用慕课(MOOC)等形式,将全国各地的高校一些比较好的教学方法进行引入。学生也可以动手制作一些慕课,丰富学生的课外生活,同样激起学生的学习兴趣。还要重视学生的演练环节,安全是生产活动第一位的要素,在演练中,学生更能够体会到遵守安全规则的必要性。

(三)教学考核评价建议

按照“加强基础、培养能力、提高素质、突出创新”的思路,改革考核的内容、形式和评价体系。综合运用实际操作、小组配合、问题检索相结合的考核形式。

多位一体的综合评定方式,将过程性评价和终结性评价相结合、知识性评价和技能性评价相结合,具体考核评价方法是,以小组为单位,结合个人在小组中的表现,采用过程考核的方式进行评价。如表5-2所示。

考核评价表 表5-2

考核内容	考核对象	分值(分)
考勤	个人	10
小组情境设计个人得分(过程性考核)	每个项目10分 项目个人得分×小组得分率	60
作业	个人	10
期末案例分析(论文)	个人	20
合计		100

(四)课程资源的开发与利用

我院现在建有牵引供电实验室,其中包括接触网模型,变电所一二次设备、变电连锁模拟设备。各种工具、仪表、元器件等能够满足学生实验实训要求。

学院有充足的网络教学资源,图书馆、办公室、计算机网络中心、汽车与机电学院的网络虚拟实验室均接通了互联网,教师和学生可以利用网络资源进行教学互动。

学院图书馆的各种图书资料齐全,如中国数字图书馆、中国期刊网、维普数据库等,为学生主动学习提供了极为丰富的扩充性资料,并有效地促进了学生主动学习的积极性。

课程 15 变配电所一二次设备检修与维护

课程名称：变配电所一二次设备检修与维护
课程性质：核心平台课程
建议学时：64 学时
适用专业：电气化铁道技术

一、前言

机电工程学院于 2015 年上半年对本分院的机电一体化、城市轨道交通控制、电气化铁道技术、电气自动化、汽车制造与维护、工程机械控制、工程机械运用与维护专业的教学进程表进行了统一的改革，将教学划分了几大平台，分别是公共课程、机电平台、基础专业、核心平台、拓展平台、综合实践平台、选修课等，并在 2015 ~ 2016 学年的第一学期开始试行。本课程为核心平台课程。

（一）课程定位

变配电所一二次设备检修与维护课程是电气化铁道技术专业的一门核心平台课程。

学习本课程可以为从事变电所一次设备的安装、日常维护、检修、验收及变电所日常巡视等工作打下基础。

本课程在第三学期讲授，是电气化铁道技术专业的专业核心课之一，本课程的前导课程是电工基础、电子基础。主要为牵引变电所值班员、供电调度、接触网维护工等岗位提供相应能力。

（二）教学设计思路

通过完成以项目为载体、以典型工作任务为能力提升手段，使学生掌握变电所一二次设备（110kV 进线柜、110kV 出线柜、变压器、室内真空断路器、隔离开关、避雷设备）的安装、调试、日常维护、检修。以满足企业提出的对设备功能、结构、维护及相关送、停电操作和变电所线路图熟悉等岗位能力需求。同时，培养学生具有良好的安全操作意识和电力规范技术，能够顺利地与他人协作，具有必要的团队合作能力。采用“项目教学法”，以工作组为单位，分情境实施教学，每一模块安排其对应的教学内容，由浅入深、逐步递进。把重点放在建立学生安全意识，结合专业规范学生供电安全操作，教学遵循学以致用的原则，结合生产生活实际，使每一教学内容有具体的目的、明确的任务，强调教学内容与岗位实际、专业课的紧密联系，通过师生共同参与，共同努力，达成教学目标。

二、课程目标

以职业岗位需要作为课程目标，通过该课程的学习，使学生掌握变配电所一二次设备检修与维护的基本安全知识和基础技能，初步形成解决生产现场实际问题的应对能力；培养学生的思维能力和安全意识，培养学生安全生产的能力；提高学生的综合素质，规范操作意识。今后将加强与企业合作，共同确定电气化铁道供电人才职业岗位要求，更好地制订出人才培养目标方案。

(一)知识目标

(1)掌握变电所一次设备的5种典型设备结构。

(2)了解变电所一次设备的5种典型设备的常见故障及排除方法。

(3)掌握变电所一次设备的相关原理及接线图原理。

(二)能力目标

(1)通过断路小车的维护与拆装使学生能够熟练地更换真空灭弧室、室内母线、弹簧操纵机构，能够调整检测开合闸速度，排除机构的各种故障。

(2)通过隔离开关的维护与拆装使学生能够独自完成隔离开关的安装调试、检测隔离开关的爬坡能力、调试合闸不严等问题，维修处理传动机构故障。

(3)通过变压器的维护与拆装使学生能够独自完成变压器的日常换油、检测等工作，并能简单处理变压器常见故障。

(4)通过互感器的检测项目使学生能独自完成互感器的精度检测，让学生能够根据不同的电路选择适配的互感器，并熟识电流互感器、电压互感器的安装要求。

(5)通过避雷器的安装检测项目的训练，学生能够根据不同的条件选择适当的避雷装置，并懂得不同避雷装置的原理，能够完成避雷装置的日常检测。

(6)通过一次变电接线图的识图及倒闸、合闸作业项目的训练，学生自行分析一次设备安装图纸，并熟练进行倒、合闸作业。

(三)素质目标

(1)养成良好的用电安全规范操作意识。

(2)规范的使用相关维修工具。

(3)通过小组讨论、小组分工协作等方法的锻炼，使学生具备团队合作意识和沟通能力。

三、课程内容与要求

课程内容构建符合学生认知和操作的规律，体现课程的特色，为专业服务和职业岗位能力的培养服务。

课程内容设计符合高技能人才培养目标和专业相关技术领域职业岗位(群)的任职要求，学习完本课程应达到初步具备接触网、牵引变电所安全作业的能力要求。具体教学内容设计见表5-3，课程进度见表5-4。

变配电所一二次设备检修与维护课程内容与要求 表5-3

序号	工作项目	能力要求	模块	任务	活动设计	参考学时
1	安全护具与专用工具的使用	**知识：** 1. 验电、接地的原理； 2. 工具型号的选取及组合工具的适配 **技能：** 1. 正确的佩戴安全护具； 2. 正确检测和清理安全用具； 3. 正确的验电、接地	1. 安全护具的使用； 2. 专用维护工具的使用	1. 个人验电接地操作； 2. 快速正确的使用专用工具及事故急救； 3. 工具型号的选取及组合工具的适配	1. 游戏：互相穿戴安全护具； 2. 穿戴后做简单的活动； 3. 教师校正示范讲解安全用具； 4. 用具的使用和验电接地的方法； 5. 游戏：限时拆装螺母； 6. 教师校正示范	4
2	断路器小车的维护与拆装	**知识：** 1. 熟练掌握断路器小车机构图； 2. 熟练掌握断路器小车机构图； 3. 了解典型故障的处理方法 **技能：** 1. 能正确快速地更换真空灭弧室； 2. 能正确快速地拆装更换室内母线； 3. 能正确快速拆装更换弹簧操动机构，检测调试开合闸时间； 4. 正确判断典型故障； 5. 快速排除典型故障	1. 断路器小车的维护与拆装； 2. 断路器小车的常见故障与处理	1. 掌握断路器小车机构图； 2. 断路器小车的日常维护； 3. 处理断路小车典型故障	1. 查找真空断路器小车结构图； 2. 制作部件标示贴纸； 3. 竞速实物标贴； 4. 分组进行，一组维护，一组持工单打分； 5. 设置典型故障； 6. 快速的排除故障； 7. 检测	10
3	隔离开关的维护与拆装	**知识：** 1. 熟练掌握隔离开关机构图； 2. 了解典型故障的处理方法 **技能：** 1. 正确快速的拆装调试传动机构和操动机构； 2. 正确的测试爬坡能力； 3. 正确快速的调试开合闸角度，处理合闸接触不完全的问题； 4. 能正确判断典型故障并排除； 5. 能快速排除典型故障	1. 隔离开关的结构熟识； 2. 隔离开关的维护与拆装； 3. 隔离开关的常见故障与处理	1. 掌握隔离开关机构图； 2. 隔离开关的日常维护； 3. 处理隔离开关典型故障	1. 查找隔离开关结构图； 2. 制作部件标示贴纸； 3. 竞速实物标贴； 4. 分组进行，一组维护，一组持工单，对每个人的操作进行打分； 5. 设置典型故障； 6. 快速的排除故障； 7. 检测	10

续上表

序号	工作项目	能力要求	模块	任务	活动设计	参考学时
4	变压器的维护与拆装	**知识：** 1. 熟练掌握变压器结构图； 2. 了解典型故障的处理方法 **技能：** 1. 正确快速的更换变压油； 2. 能正确检查油温和油位； 3. 能正确检查高压套管； 4. 正确释放调整油压； 5. 能正确清洁开关触头； 6. 能正确判断典型故障并排除； 7. 能快速排除典型故障	1. 变压器的维护与拆装； 2. 变压器的结构熟识； 3. 变压器的常见故障与处理	1. 掌握变压器机构图； 2. 变压器的日常维护； 3. 处理变压器典型故障	1. 查找变压器结构图； 2. 制作部件标示贴纸； 3. 竞速实物标贴； 4. 分组进行，一组维护，一组持工单，对每个人的操作进行打分； 5. 设置典型故障； 6. 快速的排除故障； 7. 检测	10
5	互感器的检测	**知识：** 1. 熟练掌握互感器结构图； 2. 了解互感器工作原理与用途； 3. 了解典型故障的处理方法 **技能：** 1. 能正确的检查绝缘电阻； 2. 能够完成交流耐压的实验检查； 3. 能够独自进行二次测接地的检查； 4. 熟练的进行外壳和温度的检测	1. 互感器的结构和原理熟识； 2. 互感器的检测维护与拆装； 3. 互感器的常见故障与处理	1. 互感器的日常维护检测； 2. 处理互感器典型故障	1. 查找变压器结构图； 2. 分组进行，一组维护，一组持工单，对每个人的操作进行打分； 3. 设置典型故障； 4. 快速的排除故障； 5. 检测	10
6	避雷器的安装检测	**知识：** 1. 熟练掌握避雷器结构图； 2. 了解避雷器工作原理与用途； 3. 了解典型故障的处理方法 **技能：** 1. 能根据实际避雷范围使用适当的避雷器； 2. 正确快速的维护拆装避雷器； 3. 快速的排除避雷器的典型故障	1. 避雷器的结构和原理熟识； 2. 避雷器的检测维护与拆装； 3. 避雷器的常见故障与处理	1. 避雷器的日常维护检测； 2. 处理避雷器典型故障	1. 查找避雷器的类型结构和适用条件； 2. 制作部件标示贴纸； 3. 竞速实物标贴； 4. 拆装； 5. 一组维护、一组持工单打分； 6. 设置典型故障； 7. 快速的拆除更换部件； 8. 检测	10

续上表

序号	工作项目	能力要求	模块	任务	活动设计	参考学时
7	一次变电接线图的识图及倒、合闸作业	**知识：** 1. 熟练掌握一次设备的电路符号； 2. 了解典型一次变电所接线的原理； 3. 倒闸作业的断开操作顺序及原理、合闸作业的闭合顺序及原理 **技能：** 1. 认识一次变电设备的电路符号； 2. 能够分析典型一次变电所的电路图； 3. 正确快速的维护拆装避雷器； 4. 正确快速的倒闸作业与合闸作业	1. 几种典型一次变电所电路图的认识； 2. 倒闸作业与合闸作业	1. 典型电路识图； 2. 倒闸作业； 3. 合闸作业	1. 查找一次设备的电路符号； 2. 不同操作下的线路供电结果； 3. 竞速实物标贴； 4. 不同线路的倒闸作业操作； 5. 不同线路的合闸送电作业操作； 6. 一组操作，一组持工单打分	10
合计						64

课程进度详细展开

表 5-4

单元标题	能力目标和知识目标	师生活动	其他（含考核内容、方法）
安全护具与专用工具的使用	**能力目标：** 1. 正确使用安全护具，会验电、接地； 2. 快速准确地使用维护工具 **知识目标：** 1. 验电、接地的原理； 2. 工具型号的选取及组合工具的适配	1. 游戏：互相穿戴安全护具； 2. 穿戴后做简单的活动； 3. 教师校正示范讲解安全用具的使用和验电接地的方法； 4. 游戏：限时拆装螺母； 5. 教师校正示范	1. 小组协作打分； 2. 个人验电接地操作的规范打分； 3. 快速正确的使用专用工具的测试打分
断路器小车的维护与拆装	**能力目标：** 1. 能正确快速的更换真空灭弧室； 2. 能正确快速的拆装更换室内母线； 3. 能正确快速拆装更换弹簧操动机构； 4. 检测调试开合闸时间； 5. 正确判断典型故障并排除； 6. 快速排除典型故障 **知识目标：** 1. 熟练掌握断路器小车机构图； 2. 了解典型故障的处理方法	1. 查找真空断路器小车结构图； 2. 制作部件标示贴纸； 3. 竞速实物标贴； 4. 分组进行拆装维护，一组维护，一组持工单打分； 5. 设置典型故障； 6. 快速的排除故障； 7. 检测	1. 小组的协作打分； 2. 维护操作前的安全准备工作打分； 3. 维护过程中的操作是否规范打分； 4. 维护完后是否能够正确检测打分； 5. 维护完后是否按标准清理现场打分； 6. 是否能根据设置的现象判断故障原因打分； 7. 快速排除故障打分

续上表

单元标题	能力目标和知识目标	师生活动	其他(含考核内容、方法)
隔离开关的维护与拆装	**能力目标:** 1. 正确快速的拆装调试传动机构和操动机构; 2. 正确的测试爬坡能力; 3. 正确快速的调试开合闸角度,处理合闸接触不完全的问题; 4. 能正确判断典型故障并排除; 5. 能快速排除典型故障 **知识目标:** 1. 熟练掌握隔离开关机构图; 2. 了解典型故障的处理方法	1. 查找隔离开关结构图; 2. 制作部件标示贴纸; 3. 竞速实物标贴; 4. 分组进行拆装维护,一组维护,一组持工单打分; 5. 设置典型故障; 6. 快速的排除故障; 7. 检测	1. 小组的协作打分; 2. 维护操作前的安全准备工作打分; 3. 维护过程中的操作是否规范打分; 4. 维护完后是否能够正确检测打分; 5. 维护完后是否按标准清理现场打分; 6. 是否能根据设置的现象判断故障原因打分; 7. 快速排除故障打分
变压器的维护与拆装	**能力目标:** 1. 正确快速的更换变压油; 2. 能正确检查油温和油位; 3. 能正确检查高压套管; 4. 正确释放调整油压; 5. 能正确清洁开关触头; 6. 能正确判断典型故障并排除; 7. 能快速排除典型故障 **知识目标:** 1. 熟练掌握变压器结构图; 2. 了解典型故障的处理方法	1. 查找隔离开关结构图; 2. 制作部件标示贴纸; 3. 竞速实物标贴; 4. 分组进行拆装维护,一组维护,一组持工单打分; 5. 设置典型故障; 6. 快速的排除故障; 7. 检测	1. 小组的协作打分; 2. 维护操作前的安全准备工作打分; 3. 维护过程中的操作是否规范打分; 4. 维护完后是否能够正确检测打分; 5. 维护完后是否按标准清理现场打分; 6. 是否能根据设置的现象判断故障原因打分; 7. 快速排除故障打分
互感器的检测	**能力目标:** 1. 能识别不同型号互感器的名牌; 2. 能正确的检查绝缘电阻; 3. 能够完成交流快速的排除故障; 4. 耐压的实验检查; 5. 能够独自进行二次测接地的检查; 6. 熟练的进行外壳和温度的检测 **知识目标:** 1. 熟练掌握互感器结构图和工作原理与用途; 2. 相关常见故障的排除方法	1. 互感器名牌的试读; 2. 电压、电流互感器的选用方法问题的查找及点评; 3. 设置典型互感器故障; 4. 快速的排除故障; 5. 互感器的精确度检测	1. 团队协作的打分; 2. 互感器的正确选用的打分; 3. 互感器精确等级的测量打分; 4. 互感器典型故障的排除打分; 5. 互感器检测打分
避雷器的安装检测	**能力目标:** 1. 能根据实际避雷范围选用适当的避雷器; 2. 正确快速的维护拆装避雷器; 3. 快速的排除避雷器的典型故障 **知识目标:** 1. 避雷器的结构熟识; 2. 避雷器类型的区分及线路的识别; 3. 了解避雷器的典型故障	1. 查找避雷器的类型结构和适用条件; 2. 制作部件标示贴纸; 3. 竞速实物标贴; 4. 拆装; 5. 检测; 6. 一组维护,一组持工单打分; 7. 设置典型故障; 8. 快速的拆除更换部件	1. 小组的协作打分; 2. 维护操作前的安全准备工作打分; 3. 维护过程中的操作是否规范打分; 4. 维护完后是否能够正确检测打分; 5. 维护完后是否按标准清理现场打分; 6. 是否能根据设置的现象判断故障原因打分; 7. 快速排除故障打分

续上表

单元标题	能力目标和知识目标	师生活动	其他(含考核内容、方法)
一次变电接线图的识图及倒、合闸作业	**能力目标：** 1. 认识一次变电设备的电路符号； 2. 能够分析典型一次变电所的电路图； 3. 能够正确快速地完成倒闸作业； 4. 能够正确快速地完成合闸作业 **知识目标：** 1. 熟练掌握一次设备的电路符号； 2. 了解典型一次变电所接线的原理； 3. 倒闸作业的断开操作顺序及原理； 4. 合闸作业的闭合顺序及原理	1. 查找一次设备的电路符号； 2. 不同操作下的线路供电结果； 3. 竞速实物标贴； 4. 不同线路的倒闸作业操作； 5. 不同线路的合闸送电作业操作； 6. 一组操作，一组持工单打分	1. 问题查找点评打分； 2. 倒闸作业的规范打分； 3. 合闸作业的规范操作打分； 4. 小组协作打分

四、实施建议

(一)教材选用和编写建议

1. 教材选用

本课程教学内容采用模块结构，授课教师应根据教学要求，合理选用相应教材，并对教材做适当的选用和处理。

2. 教材编写原则与要求

教材的编写要体现课程的性质、价值、基本理念、课程目标以及内容标准。

教材应注重实践性教学环节的编写，注重学生安全意识、规范操作习惯的培养与综合素质的提高。应用自编校本教材。教材编写重点放在引导学生如何面对一个供电安全的整体角度分析问题并解决，引导学生能够解决应用上可能出现的问题。将传授知识和发展能力结合起来。

本课程教材的编写应以教育部《关于加强高职高专教育人才培养工作的意见》为指导，以适应社会需要为目标，以培养技术应用能力为主线，以理论知识的必需、够用为原则进行。所选择的素材来源于电工技术过程中的现象和实际问题，反映了一定的科学价值，能够表现出不同内容之间的相互联系。

教材内容的编排和呈现突出知识的形成与应用过程；引导学生从已有的知识和经验出发，进行自主探索与合作交流，并在学习过程中逐步学会学习；关注对学生人文精神的培养。教材的编写还有利于调动教师的主动性和积极性，鼓励教师进行创造性教学。

教材编写体现出职业技术教育特色，并具有一定的弹性。教材编写时，充分考虑与其他课程资源的开发和利用相结合。

3. 教学参考资料使用建议

变配电所一二次设备检修与维护相关教学参考资料较多，在学习过程中仅是从中选取需要的章节内容进行参考，可以在图书馆查阅电工基础或电工技术相关书籍，或者可以直接利用网络资源进行搜索查询，以满足对理论知识掌握的需要。

（二）教学建议

在教学活动中要从学生实际出发，创设有助于学生自主学习的问题情境，引导学生通过实践、思考、探索、交流，获得知识，形成技能，发展思维，学会学习，促进学生在教师指导下主动地、富有个性地学习。

在教学活动中，教师应发扬让学生成为主体，使学生成为学习专业知识的组织者、引导者、合作者；要善于激发学生的学习潜能，鼓励学生大胆创新与实践，要创造性地使用教材，积极开发利用各种教学资源，为学生提供丰富多彩的学习素材；注意电工技术的新发展，适时引进新的教学内容。按照学生学习的规律和特点，以学生为主体，充分调动学生学习的主动性、积极性。

在教学活动中要积极改进教学方法，课堂教学应多采用模型、实物，重视现代教育技术在教学中的应用，理论联系实际，启迪学生的科学思维。实践教学中验证性实验与技能训练相结合，以实际操作为主，着重学生技术应用能力的形成与发展。

教学活动可根据内容特点在专业教室或实训基地进行。

建议使用作业组情境化教学方法，采用情境教学评分表。

（三）教学考核评价建议

按照"加强基础、培养能力、提高素质、突出创新"的思路，改革考核的内容、形式和评价体系。综合运用实际操作、小组配合、问题检索相结合的考核形式。

多位一体的综合评定方式，将过程性评价和终结性评价相结合、知识性评价和技能性评价相结合，具体考核评价方法是，以小组为单位，结合个人在小组中的表现，采用过程考核的方式进行评价。考核评价如表 5-5 所示。

考 核 评 价 表 表 5-5

考 核 内 容	考 核 对 象	分 值(分)
考勤	个人	10
小组情景设计个人得分(过程性考核)	每个项目 10 分 项目个人得分 × 小组得分率	60
作业	个人	10
期末案例分析(论文)	个人	20
合计		100

（四）课程资源的开发与利用

我院现在建有牵引供电实验室，其中包括接触网模型，变电所一、二次设备、变电连锁模拟设备。各种工具、仪表、元器件等能够满足学生实验实训要求。

学院有充足的网络教学资源,图书馆、办公室、计算机网络中心、汽车与机电学院的网络虚拟实验室均接通了互联网,教师和学生都可以利用网络资源进行教学互动。

学院图书馆的各种图书资料齐全,如中国数字图书馆、中国期刊网、维普数据库等,为学生主动学习提供了极为丰富的扩充性资料,并有效地促进了学生主动学习的效果。

课程 16　接触网检修与维护

课程名称:接触网检修与维护
课程性质:核心平台课程
建议学时:64 学时(理实一体化)
适用专业:电气化铁道技术

一、前言

(一)课程定位

接触网检修与维护课程根据学生职业能力要求和职业发展需要,形成了基于电气化铁路接触网的施工、组装、检测、维修、抢修及运营管理的职业岗位要求的技能和理论为一体的课程,本课程是我院电气化铁道技术专业的专业核心课。

本课程主要培养"接触网施工与检修"的职业能力和职业素养,也是获取接触网工职业技术资格的主要课程之一。接触网岗位的主要工作是进行接触网施工、组装、检测、维修、抢修及运营管理的具体操作和技术管理。接触网作为一种机械结构复杂、电气性能要求高的特殊供电线路,要求从业者必须在机械、电气两个方面有坚实的理论基础,同时,在接触网课程学习中,既要求学生熟悉接触网的组成结构、设备材料,又要求学生熟练进行受力分析、负载计算、状态监测;既要求学生严格完成各种标准化作业项目,又要求学生具备技术管理、组织指挥协调能力;既要求学生对现有接触网技能有熟练掌握,又要求学生能适应铁路不断提速对接触网结构、性能、检测方式、施工模式的更新。

(二)设计思路

本课程是依据"电气化铁道技术专业工作任务与职业能力分析表"中的接触网维护与检修和强电作业工作项目设置的。随着电气化铁路的普及,技术发展日新月异,铁道供电专业的学生急需掌握接触网维护与检修的知识和技能,为此而设置这门课程。

课程内容的编排和组织是以行业发展现状为背景,以企业需求、学生的认知规律、多年的教学积累为依据确定的。立足于实际能力培养,对课程内容的选择标准做了根本性改革,打破以知识传授为主要特征的传统学科课程模式,转变为以工作任务为中心组织课程内容,并让学生在完成具体项目的过程中学会完成相应工作任务,同时掌握维护检修理念和检修管理知识,构建相关理论知识,发展职业能力。经过供电专业专家深入、细致、系统的分析,根据上述需要,本课程最终确定了以下 7 个学习项目:(1)接触网参数测量;(2)支持定位装置的检修维护;(3)接触悬挂装置的检修维护;(4)软横跨与硬横跨的检修维护;(5)分段、分相绝缘装置的检修维护;(6)接触网及其他设备的检修维护;(7)接触网施工。这些学习项目是以接触网维护检修任务为线索来设计的。课程内容突出对学生职业能力的训练,理论知识的选取紧紧围绕检修任务需要的相关理论知识和技术标准。

按照情境学习理论的观点,只有在实际情境中学生才可能获得真正的职业能力,并获得理论认知水平的发展。因此,本课程要求打破纯粹讲述理论知识的教学方式,实施项目教学以改变学与教的行为。每个项目的学习都是以接触网维护与检修任务为载体设计的,以工作任务为中心整合理论与实践,实现理论与实践的一体化教学。教学效果评价采取过程评价与结果评价相结合的方式,通过理论与实践相结合,重点评价学生的职业能力。

二、课程目标

(一)总体目标

该课程是依据本专业人才培养目标的要求设置的,以培养学生能力为本位,以学生就业为导向,以企业对人才知识结构和能力结构的要求为根本,注重职业技能、职业知识(包括理论知识和实践知识)和职业道德的培养。通过理论和实践教学,使学生具备专业知识,并为今后进一步学习专业知识和从事相关工作打下良好的基础。

(二)具体目标

1.知识目标

(1)知道接触网结构的组成、构造的理论知识。

(2)熟悉接触网维护的技术标准。

(3)熟悉接触网检修的技术标准。

2.技能目标

(1)能按技术要求进行接触网日常维护作业。

(2)能按技术要求进行接触网日常检修作业。

3.素质目标

(1)养成诚实、守信、吃苦耐劳具有强烈责任感的品德。

(2)养成善于动脑、勤于思考、及时发现问题的学习习惯。

(3)养成认真执行技术制度的工作习惯,按计划高质量按时完成任务的习惯。

(4)具有善于和技术主管沟通以及与相关人员共事的团队意识,能进行良好的团队合作。

(5)养成爱护设备和检测仪器的良好习惯。

(6)养成在工作中时刻牢记“安全第一”的意识。

三、课程内容与要求

(一)教学基本内容

1.项目一:接触网参数测量

(1)气象条件及计算负载的确定:气象条件与接触网设计的关系、计算负荷的确定。

(2)简单悬挂负载计算和安装曲线:简单悬挂的弛度和张力、线索长度的计算、状态方程和起始条件的确定、当量跨距的含义、安装曲线的绘制。

(3)链形悬挂负载计算和安装曲线:链形悬挂的状态方程、起始条件的确定、安装曲线的确定。

(4)跨距及接触线风偏的确定:简单悬挂和链形悬挂风偏和跨距的关系、确定最大跨距的方法。

(5)腕臂支柱负载计算:支柱负载的确定,垂直负载、水平负载的确定,支柱容量校验的方法。

(6)软横跨负载计算:计算原则、计算方法。

(7)接触网平面设计:接触网平面设计程序、站场设计要求、区间设计要求、隧道设计要求、平面图表格栏。

重点:气象条件对接触网设计的影响,接触悬挂负载计算和安装曲线的计算和用途,跨距及接触线风偏关系,腕臂支柱负载和支柱的选用和校验,软横跨负载计算,接触网平面设计。

要求:掌握各种计算方法和平面设计的技术要求。

2. 项目二:支持定位装置的检修维护

(1)接触网支柱。

①支柱按照材质分类:钢柱和预应力钢筋混凝土支柱;

②支柱按照用途的分类:中间柱、转换柱、中心支柱、锚柱、定为支柱、道岔支柱、软横跨支柱等。

(2)腕臂支柱装配。

①腕臂的分类:影响装配的参数、侧面限界、导高、结构高度。

②常用的腕臂支柱装配形式:平腕臂形式、水平拉杆形式;腕臂预配计算。

(3)接触网线索:接触线的类型、技术要求、接头和磨耗,磨耗的测量方法;承力索类型优缺点。

(4)定位装置:定位装置的结构;定位方式:正定位、反定位、软定位、组合定位等;高速接触网定位装置的技术要求;"之"字值的测量与检调方法。

3. 项目三:接触悬挂装置的检修维护

(1)整体吊弦。在高速接触网接触悬挂中,吊弦是其中的主要环节,吊弦向整体式和轻型化发展,过去采用的环节吊弦逐步被淘汰。其吊弦间距一般以 8 ~ 12m 为宜。

(2)设置附加预弛度。弹性链形接触悬挂尽管在支柱点处增加了弹性吊弦(索)但是在悬挂点处和跨中,其弹性仍然有一定的差异,使受电弓不能沿距轨面等高的水平线运行。

(3)绝缘子。

①按绝缘子的结构分类:悬式绝缘子、棒式绝缘子、针式绝缘子。

②按照材质分类:瓷绝缘子、钢化玻璃绝缘子、复合绝缘子。

③绝缘子的防污措施。

④绝缘子的电气性能。

(4)锚段和锚段关节。

①锚段的定义;

②划分锚段的作用;

③锚段的长度确定方法;

④锚段关节的结构:非绝缘锚段关节、绝缘锚段关节、高速五跨式锚段关节。

(5)接触网补偿装置。

①补偿装置的作用和技术要求；
②滑轮补偿装置的组成、安设和技术要求；
③补偿装置的 a、b 值的确定和安装曲线；
④棘轮补偿装置的结构、特点和安装曲线。
(6)中心锚节。
①中心锚节的作用、安设位置；
②各种中心锚节的结构；
③简单悬挂、链形悬挂中心锚节结构。
(7)吊弦。
①各种用途的吊弦：普通环节吊弦、支柱定位处吊弦、软横跨直吊弦隧道内吊弦；
②整体吊弦：结构、特点和工艺；吊弦长度的计算。
(8)线岔。
①交叉线岔结构；
②定位要求；
③高速交叉线岔结构和技术要求；
④高速无交叉线岔原理和结构。

4. 项目四：软横跨与硬横跨的检修维护

(1)软横跨与硬横跨；
(2)软横跨和硬横跨的结构和特点；
(3)软横跨节点的结构和用途；
(4)软横跨预制计算方法；
(5)软横跨的故障、检修标准、软横跨检调。

5. 项目五：分段、分相绝缘装置的检修维护

(1)分段、分相绝缘装置。
①供电与分段的主要形式：横向分段、纵向分段、分相。
②分段绝缘器的主要结构：高铝陶瓷分段绝缘器、菱形分段绝缘器、其他分段绝缘器。
③分相和分相绝缘器：XTK 分段绝缘器、AF 分段绝缘器。
锚段关节式电分相：结构和特点；自动过分相装置。
(2)隔离开关和电连接。
①隔离开关的结构、应用场合、类型、操作程序。
②电连接：电连接的作用，电连接的分类，电连接的技术标准和检调。
(3)桥隧接触网设备。
①桥接触网设备的特点；
②隧道接触网设备的悬挂形式；
③隧道接触网的中心锚结和锚段关节结构。

6. 项目六：接触网及其他设备的检修维护

(1)接触网附加悬挂。
①供电线、并连线、加强线、正馈线等的作用和材料。
②接触网接地的主要形式和作用。

③接地极的安装。

④避雷器的作用和安装。

⑤扼流变压器的作用。

(2)高速接触网。

①高速接触网技术特征:悬挂结构、整体吊弦、附加驰度、高速锚段关节、高速定位器、减小接触网坡度。

②要求:接触网结构部分是接触网最基础的知识,必须掌握以上知识点。

7. 项目七:接触网施工

(1)接触网基础工程。

①施工准备、施工概算;施工相关测量。

②基坑测量、开挖的注意事项。

③混凝土工程的常识。

(2)立杆与整正。

①支柱的安设:外观检查、树立、整正;硬横跨的吊装。

②横卧板地板的安设。

(3)接触网架设:施工准备,接触网架设程序,接触悬挂的调整,附加导线的架设。

①高速接触网施工新技术:现代化施工模式、测量方法、腕臂预配、恒张力放线、超拉、包络线检查、腕臂偏斜安装曲线。

②接触网竣工验收:滑行试验、竣工文件、交接验收和开通。

③重点:接触网施工管理、接触网竣工验收管理。

④要求:掌握施工管理、接触网竣工验收管理的基本工作程序与要求。

(二)教学时间分配(见表5-6)

教学时间分配表 表5-6

序号	工作项目	工作任务	知识要求	技能要求	教学设计	参考学时
1	项目一 接触网参数测量	侧面限界参数测量	1. 掌握侧面限界的基本概念; 2. 掌握侧面限界测量方法	1. 能按要求测量侧面限界参数; 2. 能判断侧面限界是否超标	1. 知识讲解; 2. 知识储备查询; 3. 分组分任务; 4. 工具认识及使用; 5. 测量及记录数据; 6. 实验报告填写及总结	2
2		导高参数测量	1. 掌握导高的基本概念; 2. 知道导高参数; 3. 掌握导高测量方法	1. 能按要求测量导高参数; 2. 能判断导高是否超标	1. 知识讲解; 2. 知识储备查询; 3. 分组分任务; 4. 工具认识及使用; 5. 测量及记录数据; 6. 实验报告填写及总结	2
3		拉出值参数测量	1. 掌握拉出值的基本概念; 2. 掌握拉出值测量方法	1. 能按要求测量拉出值参数; 2. 能判断拉出值是否超标	1. 知识讲解; 2. 知识储备查询; 3. 分组分任务; 4. 工具认识及使用; 5. 测量及记录数据; 6. 实验报告填写及总结	2

续上表

序号	工作项目	工作任务	知识要求	技能要求	教学设计	参考学时
4	项目二 支持定位装置的检修维护	支持装置的检修维护	1. 掌握支持装置的结构原理； 2. 知道支持装置的计算原理	1. 能按要求进行腕臂预配； 2. 能进行腕臂预配的计算	1. 知识讲解； 2. 知识查询储备； 3. 分组分任务； 4. 工具认识及使用； 5. 测量及检测； 6. 检修及更换； 7. 检修报告填写及总结	4
5		定位装置的检修维护	1. 掌握定位装置的结构原理； 2. 掌握线索定位原理	1. 能按要求进行定位装置的检调； 2. 能按要求调整拉出值	1. 知识讲解； 2. 知识查询储备； 3. 分组分任务； 4. 工具认识及使用； 5. 测量及检测； 6. 检修及更换； 7. 检修报告填写及总结	4
6	项目三 接触悬挂的检修维护	接触线的检修维护	1. 掌握接触线结构及种类； 2. 知道接触线的用途	1. 能按要求进行接触线检调； 2. 能处理接触线断线故障； 3. 掌握接触线断线接续方法	1. 知识讲解； 2. 知识查询储备； 3. 分组分任务； 4. 工具认识及使用； 5. 测量及检测； 6. 检修及更换； 7. 检修报告填写及总结	4
7		承力索的检修维护	1. 掌握承力索结构原理； 2. 知道承力索的形式及作用	1. 能按要求进行承力索检调； 2. 能处理承力索断线故障； 3. 掌握承力索断线接续方法	1. 知识讲解； 2. 知识查询储备； 3. 分组分任务； 4. 工具认识及使用； 5. 测量及检测； 6. 检修及更换； 7. 检修报告填写及总结	4
8		吊弦的检修维护	1. 掌握吊弦结构原理； 2. 知道吊弦的作用及种类	1. 能检测吊弦故障； 2. 能按要求进行吊弦检调	1. 知识讲解； 2. 知识查询储备； 3. 分组分任务； 4. 工具认识及使用； 5. 测量及检测； 6. 检修及更换； 7. 检修报告填写及总结	4
9	项目四 软横跨与硬横跨的检修维护	软横跨的检修维护	1. 掌握软横跨结构； 2. 知道软横跨的作用	1. 能检测故障； 2. 能按要求进行软横跨检调	1. 知识讲解； 2. 知识查询储备； 3. 分组分任务； 4. 工具认识及使用； 5. 测量及检测； 6. 检修及更换； 7. 检修报告填写及总结	4
10		硬横跨的检修维护	1. 掌握硬横跨结构原理； 2. 知道软横跨及硬横跨的区别	1. 能检测故障； 2. 能按要求进行硬横跨检调	1. 知识讲解； 2. 知识查询储备； 3. 分组分任务； 4. 工具认识及使用； 5. 测量及检测； 6. 检修及更换； 7. 检修报告填写及总结	4

续上表

序号	工作项目	工作任务	知识要求	技能要求	教学设计	参考学时
11	项目五 分段、分相绝缘装置的检修维护	分段绝缘装置的检修维护	1. 掌握分段绝缘装置结构原理； 2. 知道分段绝缘装置的作用及种类	1. 能检测故障； 2. 能按要求进行分段绝缘装置检调	1. 知识讲解； 2. 知识查询储备； 3. 分组分任务； 4. 工具认识及使用； 5. 测量及检测； 6. 检修及更换； 7. 检修报告填写及总结	4
12		分相绝缘装置的检修维护	1. 掌握分相绝缘装置结构原理； 2. 知道分相绝缘装置的作用及种类	1. 能检测故障； 2. 能按要求进行分相绝缘装置检调	1. 知识讲解； 2. 知识查询储备； 3. 分组分任务； 4. 工具认识及使用； 5. 测量及检测； 6. 检修及更换； 7. 检修报告填写及总结	4
13	项目六 接触网及其他设备的检修维护	隔离开关的检修维护	1. 掌握隔离开关结构原理； 2. 知道隔离开关的作用及种类	1. 能按要求进行隔离开关检调； 2. 能检测故障	1. 知识讲解； 2. 知识查询储备； 3. 分组分任务； 4. 工具认识及使用； 5. 测量及检测； 6. 检修及更换； 7. 检修报告填写及总结	4
14		锚段关节的检修维护	1. 掌握锚段关节结构原理； 2. 知道锚段关节的作用	1. 按要求进行锚段关节检调； 2. 能按要求进行锚段关节排故	1. 知识讲解； 2. 知识查询储备； 3. 分组分任务； 4. 工具认识及使用； 5. 测量及检测； 6. 检修及更换； 7. 检修报告填写及总结	4
15		中心锚节的检修维护	1. 掌握中心锚节结构原理； 2. 知道中心锚段关节的作用	1. 能按要求进行中心锚节检调； 2. 能对中心锚节进行维修	1. 知识讲解； 2. 知识查询储备； 3. 分组分任务； 4. 工具认识及使用； 5. 测量及检测； 6. 检修及更换； 7. 检修报告填写及总结	4
16		电连接的检修维护	1. 掌握电连接结构原理； 2. 知道电连接的作用	1. 能按要求进行电连接检调； 2. 能对电连接进行排故	1. 知识讲解； 2. 知识查询储备； 3. 分组分任务； 4. 工具认识及使用； 5. 测量及检测； 6. 检修及更换； 7. 检修报告填写及总结	4

续上表

序号	工作项目	工作任务	知识要求	技能要求	教学设计	参考学时
17	项目七 接触网的施工	立杆与整正	掌握立杆及整定参数	1. 支柱的安设:外观检查、树立、整正; 2. 硬横跨的吊装;横卧板地板的安设	1. 知识讲解; 2. 知识查询储备; 3. 分组分任务; 4. 工具认识及使用; 5. 测量及检测; 6. 检修及更换; 7. 检修报告填写及总结	2
18		接触网架设	知道接触网架设参数	施工准备,接触网架设程序,接触悬挂的调整,附加导线的架设	1. 知识讲解; 2. 知识查询储备; 3. 分组分任务; 4. 工具认识及使用; 5. 测量及检测; 6. 检修及更换; 7. 检修报告填写及总结	2
19		接触网竣工验收	掌握接触网竣工验收流程及所需材料	滑行试验,竣工文件,交接验收和开通	1. 知识讲解; 2. 知识查询储备; 3. 分组分任务; 4. 工具认识及使用; 5. 测量及检测; 6. 检修及更换; 7. 检修报告填写及总结	2
合计						64

四、实施建议

(一)教材选用和编写建议

(1)必须依据本课程标准编写教材,教材应充分体现任务引领、实践导向课程的设计思想。

(2)教材应将本专业职业活动,分解成若干典型的工作项目,按完成工作项目的需要和岗位操作规程组织教材内容。要通过项目模拟、观看录像、理实一体教学,运用所学知识进行评价,引入必需的理论知识,增加实践实操内容,强调理论在实践过程中的应用。

(3)教材应图文并茂,提高学生的学习兴趣,加深学生对接触网的认识和理解。教材表达必须精炼、准确、科学。

(4)教材内容应体现先进性、通用性、实用性,要将本专业新技术、新工艺、新材料及时地纳入教材,使教材更贴近本专业的发展和实际需要。

(5)教材中活动设计的内容要具体,并具有可操作性。

(二)教学建议

本课程宜采用项目教学和现场教学,使教学更直观、生动,教学效果更好,选用的教材应充分体现任务引领、实践导向课程的设计思想。

(三)教学考核评价建议

(1)改革传统的学生评价手段和方法,采用阶段评价,过程性评价与目标评价相结合,项目评价，理论与实践一体化评价模式。

（2）关注评价的多元性，结合课堂提问、学生作业、平时测验、项目考核、技能目标考核作为平时成绩，占总成绩的70%，理论考试和实际操作作为期末成绩，其中理论考试占40%、项目过程考试占60%。

（3）应注重学生动手能力和实践中分析问题、解决问题能力的考核，对在学习和应用上有创新的学生应予特别鼓励，全面综合评价学生能力。

（四）课程资源的开发与利用

（1）注重实训指导书和实训教材的开发和应用。

（2）注重课程资源和现代化教学资源的开发和利用，如多媒体课件的应用，这些资源有利于创设形象生动的工作情境，激发学生的学习兴趣，促进学生对知识的理解和掌握。同时，建议加强课程资源的开发，建立多媒体课程资源的数据库，努力实现跨学校多媒体资源的共享，以提高课程资源利用效率。

（3）积极开发和利用网络课程资源，充分利用诸如电子书籍、电子期刊、数据库、数字图书馆、教育网站和电子论坛等网上信息资源，使教学从单一媒体向多种媒体转变；教学活动从信息的单向传递向双向交换转变；学生单独学习向合作学习转变。同时应积极创造条件搭建远程教学平台，扩大课程资源的交互空间。

（4）产学合作开发实训课程资源，充分利用校内外实训基地，进行产学合作，实践“工学”交替，满足学生的实习、实训，同时为学生的就业创造机会。

（五）其他说明

（1）本课程的实训条件在不断的建设，根据学院的实训条件，课程的实训项目可以做相应的调整，不足的部分用理论教学和多媒体课件等补充。

（2）在校外实训基地建成后，可以加大实训部分课时分配。

课程 17　供配电系统设计

课程名称：供配电系统设计
课程性质：核心平台课程
建议学时：32 学时(理论 4 学时、实践 28 学时)
适用专业：电气化铁道技术

一、前言

本课程是电气化铁道技术专业重要的核心平台课程。通过本课程的学习和实践，使学生基本熟悉企事业单位供配电系统结构、原理，初步掌握变配电运行及管理、电气设备的操作与维护、供电系统及设备的故障分析及排除等技能，养成安全、文明的操作习惯，从而基本具备供配电系统岗位群所需的职业素养，能够胜任一般电气类工作岗位的初步能力。

(一)课程定位

本课程以生产岗位需求为方向，以培养学生一定的理论基础、规范的职业技能和适应专业的发展为依据来设立课程目标。本课程以供配电系统的结构和组成及其合理运行为主线，注重理论与实践一体化，突出必要的专业理论，坚持必需的职业能力，兼顾企业和个人发展的需要，并采用项目化任务为组织形式进行课程设计。

(二)教学设计思路

本课程根据供配电系统的结构组成及其合理运行这条主线，按系统结构分别设置若干任务，再在各个项目中落实体现相应的专业知识和技能的具体任务，通过讲练结合、学做相辅，形成理实一体、融会贯通，让学生有效地掌握供配电技术的知识和技能。

二、课程目标

(一)知识目标

(1)熟悉企业供配电系统。
(2)了解负荷计算、短路电流计算。
(3)掌握变压器、高低压电器等设备选择及使用。
(4)掌握继电保护、过电压保护等各种供配电保护。
(5)掌握供配电安全技术。
(6)掌握供配电系统操作、运行、维护的基本知识。

(二)能力目标

(1)具备电力系统图、设备图纸的识读能力。

(2)具有企业与车间的变、配电容量估算的能力。

(3)具备高、低压用电安全知识。

(4)熟悉供配电设备日常保养、维护规范,并具备日常保养、维护能力。

(5)能正确进行电力线路的安装、排故。

(6)初步具备变电运行及管理、电气设备的操作与维护、供电系统及设备的故障分析及处理等技能。

三、课程内容与要求

供配电系统设计课程内容与要求,见表5-7。

供配电系统设计课程内容与要求 表5-7

<table>
<tr><th>序号</th><th>工作项目</th><th>能力要求</th><th>模块</th><th>任务</th><th>活动设计</th><th>参考学时</th></tr>
<tr><td rowspan="2">1</td><td rowspan="2">项目一
负荷进行确定计算、变电所位置的选择</td><td rowspan="2">知识:
1. 电力负荷和负荷曲线的有关概念;
2. 设备容量的确定,供电线路、变压器功率损耗的计算;
3. 系数法确定计算负荷的公式。
技能:
1. 掌握变电所位置选择的能力;
2. 能用系数法确定计算负荷的公式</td><td>负荷计算</td><td>负荷计算的前期工作</td><td>1. 负荷计算的内容和目的;
2. 负荷的确定及计算公式;
3. 负荷计算的结果</td><td>2</td></tr>
<tr><td>变电所位置的选择</td><td>无功补偿的目的</td><td>1. 变配电所形式的概述;
2. 变配电所位置选择的一般原则</td><td>2</td></tr>
<tr><td rowspan="6">2</td><td rowspan="6">项目二
变压器和主接线方案的确定、短路电流的计算</td><td rowspan="6">知识:
1. 变配电所的主结线的基本要求;
2. 工厂变配电所主结线图的表示方法;
3. 导线、电缆截面的选择要求、方法和计算;
4. 变压器台数及容量的选择;
5. 低压配电柜的结构、原理、安装及运行维护
技能:
1. 能进行主结线方案(含照明线路)的分析,读懂主电路图;
2. 会计算并能正确选择导线截面;
3. 能合理选择变压器;
4. 能正确安装和维护低压配电柜</td><td>变配电所位置的选择</td><td>配电所的形式</td><td>1. 变配电所有屋内式和屋外式;
2. 选型的因素考虑;
3. 变配电所位置选择的一般原则</td><td>3</td></tr>
<tr><td rowspan="3">变电所主变压器的选择</td><td>变电所主变压器选型的原则</td><td>1. 变电所主变压器选型的原则;
2. 负荷中心的确定</td><td>2</td></tr>
<tr><td>变电所主变压器台数的选择</td><td>根据负荷的性质选择变压器的台数</td><td rowspan="2">2</td></tr>
<tr><td>变电所主变压器容量的选择</td><td>根据不同使用要求选择容量的大小</td></tr>
<tr><td rowspan="2">变配电所主接线方案的选择</td><td>变配电所主接线设计</td><td>1. 变配电所主接线设计要求;
2. 变配电所主接线方案的拟定</td><td rowspan="2">3</td></tr>
<tr><td>变配电所主接线方案的拟定</td><td>不同方案之间的比较</td></tr>
</table>

续上表

序号	工作项目	能力要求	模块	任务	活动设计	参考学时
3	项目三 变配电所 一次设备	**知识：** 1. 掌握一次设备在变配电所中的结构与功能； 2. 掌握一次设备选择与校验的过程； 3. 掌握一次侧设备的相关知识； 4. 掌握高低压母线的选择 **技能：** 能够进行变电所一次设备的选择校验	一次设备的选择	一次设备选择与校验的条件与项目	1. 一次设备选择与校验的条件； 2. 一次设备选择与校验的项目	3
				一次设备选择依据	按正常工作条件选择	
			一次侧设备的选择	一次侧设备的选择校验	1. 10kV 侧一次设备的选择校验； 2. 380V 侧一次设备的选择校验	2
				电缆形式的选择	1. 6 ~ 10kV 变配电所高低压 LMY 型硬铝母线的选择； 2. 高压电缆线的选择	1
4	项目四 变配电所 进出线的 选择	**知识：** 1. 掌握变配电所线缆选型的相关知识； 2. 掌握线缆截面选择的因素 **技能：** 能够进行电缆截面的综合分析	进出线的选择依据	导线和电缆截面的选择依据	1. 低压电缆线的选择； 2. 按发热条件选择或校验导线和电缆的截面、按电压损耗校验导线和电缆的截面； 3. 按短路热稳定校验导线和电缆的截面	3
5	项目五 变配电所 二次回路 与设备	**知识：** 1. 继电保护装置的任务和要求，各种继电器的作用、结构、原理、内部结线及其图形、文字符号； 2. 电保护装置的结线方式、操作电源 **技能：** 1. 掌握继电器的结构，能正确理解其工作原理； 2. 能正确选用继电器，能正确进行接线	二次回路的选择	高压侧器件	1. 高压断路器的操动机构控制与信号回路； 2. 变配电所的测量和绝缘监察回路	4
				主变压器的选择与配置	1. 主变压器的继电保护装置的配置要求； 2. 主变压器的继电保护装置的选择依据	
			变配电所的保护装置	变配电所低压侧的保护装置的选择	变配电所低压侧的保护装置的选择	1
6	项目六 变配电所 防雷保护 和接地装 置的设计	**知识：** 1. 雷电及过电压的概念； 2. 避雷针的保护范围计算，供电系统及建筑物的防雷保护措施 **技能：** 1. 掌握避雷针及其过电压保护的原理及基本结构； 2. 能正确地计算避雷针的保护范围	变配电所的防雷保护	变配电所的防雷保护的原理	1. 直击雷保护； 2. 雷电侵入波的保护	2
			变配电所公共接地装置的设计	变配电所的防雷保护的选型	1. 设计中遵循的依据理论； 2. 设计过程与结果	2
合计						32

四、实施建议

（一）教材选用和编写建议

1. 教材选用

本课程主要以教师自制讲义为主，以教师自制的任务书为辅，结合自制课件进行教学。其次参考实验设备的使用指导书，加入网络资料完善实训项目设计。参考教材为王晓丽主编，机械工业出版社出版的《供配电系统》。

2. 教材编写原则与要求

根据高职教学特点及专业人才培养方案和本课程标准，开发院本教材。教材开发的建议突出本专业的学习重点，让学生更多地发挥主观能动性，可以自主地选择一些实际的经典案例去分析，进行比较好的改动，从而达到学精的目的。

3. 教学参考资料使用建议

鼓励学生自主寻找一些供配电方面的资料，查阅自己学院校园用电的情况，利用闲暇时间完成课程中的一些统计信息，成为工作中的能手和学校的主人翁。

（二）教学建议

在教学过程中，要尽量应用多媒体、投影等教学资源辅助教学，帮助学生理解相关电气线路的工作过程，让枯燥的学习过程变得更加有趣。教学过程中教师应积极引导学生提升职业素养，提高职业道德，形成职业习惯，努力培养创新能力，最重要的是培养学生的安全意识。

（三）教学考核评价建议

本课程的考核采取过程考核方式，其是以各个学习项目为载体作为考核评价单元，以每个项目中各个任务的完成情况为依据，主要从职业素质养成、理论知识、实践技能的掌握情况 3 个方面考核学生的完成情况。成绩组成如表 5-8 所示。

学生成绩组成 表 5-8

出勤情况	项目 1	项目 2	项目 3	项目 4	项目 5	项目 6	合计
30%	10%	10%	10%	10%	10%	20%	100%

（四）课程资源的开发与利用

（1）充分发挥校内外实习基地的功用，聘请实践性强的技术人员和工人师傅来校指导，多组织学生进行供配电实地参观，有条件的应争取将学生分成若干小组分别到若干实习基地进行供配电实践，以强化学生的专业技能。

（2）充分利用已有的各类教学资源，选用符合教学要求的录像、多媒体课件，电影、资料文献等资源辅助教学，要注意介绍机械装调的新工艺、新技术、新成果，以拓展学生眼界，提高教学的效率、水平和质量。

（3）针对教学的需要和难点，对技术性强，学校能力（含师资）滞后的内容，要充分利用联合技术学院机电协作组的资源优势，相互学习帮助，以促进相关课程教学，特别是对一些尚未开发但能切实提高教学效率和质量的相关教学资源，要组织力量，开发相应的影像资料、多媒体课件、PPT 文本资料等辅助教学，并逐步实现资源共享，共同提高。

第六部分

专业拓展平台课程标准

课程 18　电气化工程施工与管理

课程名称:电气化工程施工与管理

课程性质:拓展平台课程

建议学时:48 学时

适用专业:电气化铁道技术

一、前言

(一)课程定位

电气化工程施工与管理是高职高专电气化铁道技术专业的一门专业拓展课,是学生获得必要的电力施工管理方法和概预算知识的课程。本课程适用于招收普通高中毕业生,学制 3 年的电气化铁道技术专业。

根据高职高专院校工科专业的培养目标,电气化工程施工与管理课程是使学生在系统学习供配电技术、变电所一二次设备、接触网维护与检修等课程基础上,获得电气化工程施工与管理方面的基本理论知识和基本技能,对电力施工协调、电力施工安全的管理、工程质量评定及交工验收等,有一个较为系统的认识。同时通过教学激励学生的求知欲望,培养学生学习新知识的主动性和迫切性。

(二)设计思路

本课程以企业岗位和日常生活需要设计教学内容,以培养可持续发展能力为目标选择项目载体,基于工作过程重构教学内容和教学过程,以职业成长规律和认知规律序化教学内容。共设计了 13 个工作任务。

二、课程目标

(一)总体目标

本课程是电气化铁道技术专业的一门重要的专业拓展课程,是在学习牵引变电、接触网等专业课基础上,着重培养学生对接触网、牵引变电所等供电设备设计选择的专业能力,以及分析问题和解决问题的能力、应变能力等综合素质和能力。

该课程是依据本专业人才培养目标的要求设置的,以培养学生能力为本位,以学生就业为导向,以企业对人才知识结构和能力结构的要求为根本,注重职业技能、职业知识(包括理论知识和实践知识)和职业道德的培养。通过理论和实践教学,使学生具备专业知识,并为今后进一步学习专业知识和从事相关工作打下良好的基础。

(二)具体目标

1. 知识目标

系统学习电气工程施工规范、电气工程的预算和决算方法。

2. 能力目标

学习各种电气设备施工与安装的方式和方法，提高建筑安装企业实现科学管理、提高施工水平和保证工程质量，贯彻按设计、规范、规程等技术标准组织施工、纠正盲目性施工意识。

3. 素质目标

(1)养成负责地执行技术规程的习惯，形成严谨、认真的工作态度，具有良好的敬业精神。

(2)具有一定的技术能力和职业规划能力，为迎接未来社会挑战、提高生活质量、实现终身发展奠定基础。

(3)形成和保持对技术的兴趣和学习愿望，具有正确的技术观和较强的技术创新意识，促进学生全面而富有个性的发展。

(4)增强质量意识、效益意识、新技术意识和创新意识，具有服务社会的责任感和为祖国现代化建设服务的精神。

三、课程内容与要求(见表 6-1)

电气化工程施工与管理教学内容与要求 表 6-1

序号	工作项目	工作任务	知识要求	技能要求	活动设计	课时
1	牵引变电所施工	基础、构架及遮栏、栅栏施工	1. 掌握基础、构架的施工规范、技术标准； 2. 掌握遮栏、栅栏的施工规范、技术标准	1. 能按技术规定进行基础及架构施工验收； 2. 能按技术规定进行遮栏及栅栏施工验收	1. 参观变电所； 2. 参看施工标准及技术标准	4
2		防雷、接地及回流线施工	1. 掌握避雷针、避雷器的施工规范； 2. 掌握接地的施工规范、技术标准； 3. 掌握回流线的施工规范	1. 能按技术规定进行避雷针施工验收； 2. 能按技术规定进行避雷器安装施工； 3. 能按规定进行接地施工和回流线安装	1. 学习防雷、接地及回流线施工规范； 2. 参考学习施工防雷、接地及回流线施工技术规定	4
3		变压器、油浸电抗器及互感器施工	1. 掌握牵引变压器、油浸电抗器的施工要求； 2. 掌握互感器的施工要求	1. 能按技术规定进行牵引变压器、油浸电抗器的施工验收； 2. 能按技术规定进行互感器安装施工	1. 学习变压器种类； 2. 学习互感器安装的施工要求； 3. 学习变压器施工要求	4
4		高压断路器施工	1. 掌握油断路器的安装标准； 2. 掌握气体断路器的安装标准； 3. 掌握真空断路器的安装标准	1. 能按规定进行油断路器的安装和验收； 2. 能按规定进行气体断路器的安装和验收； 3. 能按规定进行真空断路器的安装和验收	1. 断路器种类的区分及认识； 2. 断路器性能指标的学习	6
5		其他高压电器施工	1. 掌握隔离开关、负荷开关的安装标准； 2. 掌握熔断器、电抗器、电容器的安装标准	1. 能按技术规定进行隔离开关、负荷开关、熔断器的施工安装； 2. 能按技术规定进行电抗器、电容器安装验收	1. 各种开关的认识； 2. 讨论学习各种开关的性能； 3. 各种开关的安装标准	4

续上表

序号	工作项目	工作任务	知识要求	技能要求	活动设计	课时
6		母线装置施工	1. 掌握硬母线的加工要求； 2. 掌握硬母线的搭接要求； 3. 掌握软母线的安装要求	1. 能按技术规定进行母线加工； 2. 能按技术规定进行母线安装	1. 母线种类的查询； 2. 母线区别于其他线缆的讨论学习； 3. 母线的安装规定的学习	2
7		电缆敷设及二次接线施工	1. 掌握电缆敷设的技术要求； 2. 掌握二次回路施工的技术要求	1. 能按规定进行电缆的敷设； 2. 能按规定进行电缆的连接； 3. 能按规定进行二次回路的施工	1. 参看多媒体课件； 2. 知识的讲解	4
8		牵引所起动试运行、送电开通及交接验收	1. 掌握牵引所起动试运行的程序内容； 2. 掌握工程交接验收的检查项目和要求	1. 能按技术要求完成起动试运行； 2. 能按技术要求进行工程交接验收	1. 知识的讲解学习讨论； 2. 分组查询讨论；	4
9	牵引变电所施工	立杆及整正	1. 掌握杆件外观检查的要求； 2. 掌握混凝土杆堆放要求； 3. 掌握接触网支柱整正要求； 4. 掌握接触网支柱承载后的外观质量检查	1. 能按规定进行支柱到场验收； 2. 能正确堆放支柱； 3. 能按规定进行支柱整正验收； 4. 能进行支柱承载后的外观质量检查	1. 参看多媒体课件； 2. 知识的讲解	2
10		地线、拉线施工	1. 掌握接地装置施工要求； 2. 掌握拉线安装要求	1. 能按规定进行接地装置施工； 2. 能按规定进行拉线安装	1. 参看多媒体课件； 2. 知识的讲解	2
11		架线、接触悬挂安装调整	1. 掌握线索损伤的处理方法和补偿装置安装要求； 2. 掌握接触悬挂安装调整要求	1. 能进行架线检查； 2. 能验收补偿装置安装； 3. 能验收接触悬挂安装	1. 参看多媒体课件； 2. 知识的讲解	2
12		电连接、线岔安装	1. 掌握电连接施工要求； 2. 掌握线岔安装规范	1. 能正确处理电连接安装； 2. 能验收线岔施工	1. 知识的讲解学习讨论； 2. 分组查询讨论	4
13	牵引供电远动系统施工	远动装置安装、电缆敷设、远动系统联调	1. 掌握远动安装的规定； 2. 远动系统联调的规定	1. 能按规定进行远动装置安装； 2. 能熟悉联调的程序	1. 参看多媒体课件； 2. 知识的讲解	6
合计						48

四、实施建议

(一)教材选用和编写建议

(1)教材应充分体现工作过程导向的课程设计思想,以企业岗位和日常生活需要设计教学内容,以培养可持续发展能力为目标选择项目载体,基于工作过程设计教学内容,以职业成长规律和认知规律序化教学内容,充分体现“教、学、做”的教学方法。

(2)教材将教学内容分解成电力施工项目组织、电力施工准备工作的管理、电力施工协调、电力施工安全的管理、工程质量评定及交工验收的技术标准、电力施工概预算。

(3)教材应以学生为本,内容展现应图文并茂,文字表达应简明扼要,符合学生的认知水平,重在提高学生的学习兴趣。

(4)教材内容应突出职业性,能学以致用。

参考书:

(1)《职业技能鉴定教材》、《职业技能鉴定指导教材》编审委员会,《电工》,中国劳动社会保障出版社,2004 年出版。

(2)《职业技能鉴定教材》、《职业技能鉴定指导教材》编审委员会,《维修电工》,中国劳动社会保障出版社,2004 年出版。

(3)《新编电力工程概预算与定额应用及工程监理、质量验收》,电力科学出版社,2006 年出版。

(二)教学建议

该课程所包含的内容既有基本知识,又有基本理论和基本技能,在教学中必须应用多种有效的教学方法,才能够调动学生的学习积极性,培养学生自主学习的能力,促进学生综合能力的提高。具体可采用如下教学方法:

(1)语言描述教学法;

(2)演示教学法;

(3)实物教学法;

(4)举例教学法;

(5)作业训练教学法;

(6)逻辑构建法;

(7)动画演示教学法;

(8)教学做一体教学法。

(三)教学考核评价建议

考核方式参考理论和实践教学环节课时比例分配,理论考试和实践教学环节的分数各占分数权重如表 6-2 所示。

教学考核评价表 表 6-2

<table>
<tr><th></th><th>考核方式</th><th>考核项目</th><th>鉴 定 标 准</th></tr>
<tr><td rowspan="5">课程成绩(100%)</td><td rowspan="3">平时考查(40%)</td><td>知识问答(15%)</td><td>每个学生一学期课堂回答 2 次以上,根据回答内容准确性、表达度、思维敏捷情况给定成绩</td></tr>
<tr><td>课堂考勤、学习态度(10%)</td><td>根据每个学生一学期的课堂纪律、出勤率、听课反应等情况给定成绩</td></tr>
<tr><td>平时作业(15%)</td><td>根据每个学生一学期实际完成作业的数量和质量给定成绩</td></tr>
<tr><td rowspan="2">期末综合鉴定(60%)</td><td>基础知识(35%)</td><td>试卷测试对所学的基础知识进行全面的考核</td></tr>
<tr><td>基本技能(25%)</td><td>试卷测试考核学生对专业基础知识的综合运用能力</td></tr>
</table>

(四)课程资源的开发与利用

(1)注重课程资源和现代化教学资源的开发和利用,如多媒体课件的应用,这些资源有利于创设形象生动的工作情境,激发学生的学习兴趣,促进学生对知识的理解和掌握。同时,建议加强课程资源的开发,建立多媒体课程资源的数据库,努力实现跨学校多媒体资源的共享,以提高课程资源利用效率。

(2)产学合作开发实训课程资源,充分利用校内外实训基地,进行产学合作,实践“工学”交替,满足学生的实习、实训,同时为学生的就业创造机会。

(五)其他说明

(1)本课程的实训条件在不断的建设,根据学院的实训条件,课程的实训项目可以做相应的调整,不足的部分用理论教学和多媒体课件等补充。

(2)在校外实训基地建成后,可以加大实训部分课时分配。

课程 19　远动系统运行

课程名称:远动系统运行
课程性质:拓展平台课
建议学时:48 学时(理论 24 学时、实践 24 学时)
适用专业:电气化铁道技术

一、前言

(一)课程定位

远动系统运行是电气化铁道技术专业一门拓展平台课程。通过本课程的学习,要求学生能够掌握电力系统远动的基本概念、基本的信息传输规约、熟悉远动信道的编译码和信源编码,并具备一定的远动系统分析能力与实际操作能力。学习该课程时应注重基础概念的理解,强化基本编码方式的应用,并加强与其他学科间的联系,为后续专业课程的学习奠定坚实的基础。

(二)教学设计思路

本课程所面向的职业岗位为电气化铁道供电系统的检修员、维护员等,主要从事铁路供电系统设备检修、维护、实验调试等工作。通过本课程的学习,使学生掌握基本的信息传输规约、熟悉远动信道的编译码和信源编码并具有一定的操作检修能力,为学生走向工作岗位打下坚实的基础。

二、课程目标

(一)知识目标

(1)掌握电力系统远动的功能及传输模式。
(2)掌握远动信息串行通信及传输控制规程。
(3)掌握远动信息的循环式传输规约和问答式传输规约。
(4)掌握信道编译码抗干扰编码的基本原理。
(5)掌握信道编译码循环码的编译码原理。
(6)掌握信道编码系统循环码的检错及纠错能力。
(7)掌握远动信息的时序、帧同步及位同步。
(8)掌握远动信息的信源编码的遥信信息的采集和处理。

(9)掌握远动信息的数字调制与解调。

(二)能力目标

(1)能够掌握远动信息的循环式传输规约和问答式传输规约。
(2)能够掌握远动信息的信道编译码的基本原理,具备循环码的检错及纠错能力。
(3)能够掌握远动信息的时序及同步。
(4)具备远动信息的信源编码能力。
(5)具备一定的远动信息的传输能力。

三、课程内容与要求

远动系统运行课程内容与要求,见表6-3。

远动系统运行课程内容与要求 表6-3

<table>
<tr><th>序号</th><th>工作项目</th><th>能力要求</th><th>模块</th><th>任务</th><th>活动任务设计</th><th>参考学时</th></tr>
<tr><td rowspan="3">1</td><td rowspan="3">项目一
调度员工作站的使用</td><td rowspan="3">知识:
1.了解电力系统远动的功能;
2.掌握远动信息及传输模式;
3.了解远动系统的基本结构;
4.了解调度自动化系统
技能:
能够独立操作调度员工作站,能够探索系统各种功能并且分析原因</td><td>牵引变电所控制设备的认知</td><td>牵引变电所主要控制开关</td><td>结合实物学习牵引所的主要电气设备</td><td rowspan="3">14</td></tr>
<tr><td rowspan="2">远动系统软件体系</td><td>铁路供电调度系统的组成</td><td>调度系统工作原理的认知</td></tr>
<tr><td>自动化管理系统的软件体系</td><td>1.电力调度SCADA系统的初步认知与操作;
2.电力调度工作站在实际中的应用讲析</td></tr>
<tr><td rowspan="5">2</td><td rowspan="5">项目二
线路故障检测</td><td rowspan="5">知识:
1.掌握远动技术监控设备的原理;
2.理解故障产生后的信号传输;
3.掌握监控系统接收控制命令的方式
技能:
能够进行线路故障的诊断</td><td rowspan="3">故障产生的通信机制</td><td>1.远动信道的选择</td><td>通信信道的选择机制</td><td rowspan="5">16</td></tr>
<tr><td>2.车站监控系统</td><td>车站监控系统的初步系统性认知</td></tr>
<tr><td>3.变、配电所监控系统</td><td>变电系统中监控系统的操作</td></tr>
<tr><td rowspan="2">故障的传输</td><td>1.通信通道</td><td>通过通信信道的机理学习设置通信通道的方法,并且动手去完成</td></tr>
<tr><td>2.由FTU检测到故障并上报</td><td>1.FTU的结构与原理,以及基本操作;
2.处理由FTU上传的故障</td></tr>
</table>

续上表

序号	工作项目	能力要求	模块	任务	活动任务设计	参考学时
3	项目三 牵引供电系统的遥信数据采集系统的典型操作	**知识：** 1. 掌握远动信息的循环式传输规约； 2. 了解抗干扰编码的基本原理； 3. 掌握远动信息的时序； 4. 掌握电量变送器； 5. 掌握数字调制与解调 **技能：** 能够进行远动系统的常规使用	采集系统的结构与原理	1. 计算机绘制开闭所通用系统结构框图	1. 学习开闭所系统的原理图； 2. 通过结构图与实物进行位置的对比、组内人员互评	18
				2. 单片机数据采集最小系统	1. 单片机系统功能性的讲解； 2. 实际动手去完成单片机数据采集系统的使用	
				3. 编写上传调度中心的遥信数据报文	1. 帧结构的讲解； 2. 完成数据上报、打印的操作	
				4. 遥信数据采集程序	1. 四遥技术的应用在实际设备中进行演练； 2. 对于信号的处理的操作； 3. 电量变送器的操作与使用	
合计						48

四、实施建议

(一)教材选用和编写建议

1. 教材选用

本课程主要以教师自制讲义为主，以教师自制的任务书为辅，结合自制课件进行教学。其次参考实验设备的使用指导书，加入网络资料完善实训项目设计。参考教材由许惠敏主编、中国铁道出版社出版的《铁路供电远动系统的运行与维护》。

2. 教材编写原则与要求

教材编写应充分体现理论实践一体化教学的特点，理论知识和实践操作有机结合，内容的选择力求明确，可操作性强，便于贯彻“做中学、学中做”的理念，突出职业院校的特点。

3. 教学参考资料使用建议

远动系统课程要熟悉网络与通信技术的基础知识，能将各部分知识融合集中。多利用实践中的实例资料，能够在教学过程中提出合理化的意见，提供典型案例，从而让本课程的内容与学生今后在工作岗位中遇到的问题联系起来。

(二)教学建议

(1)学习本课程前，学生应掌握供配电技术、牵引供电基础的知识。

(2)本课程教学采用理论实践一体化的实践教学方法，通过完成相关项目及其任务的过程来学习有关的专业知识、掌握相关的职业技能。

(3)在教学过程中，应加强学生实际操作能力的培养，通过项目训练，任务的完成来提高学生学习兴趣，激发学生的成就感，每个项目的实施可根据操作设备的多少采用分小组合作的方法，强化学生的团队协作精神。

(4)在教学过程中，应发挥学生学习的自主性，为学生提供职业生涯发展的空间，鼓励学生自己搜索资料，积极提出自己的建议、想法，努力培养学生主动获取知识、自主分析和处理信息的能力。

(5)在教学过程中，要重视介绍本专业领域新技术、新思想的发展趋势。

(6)在教学过程中，要尽量应用多媒体、投影等教学资源辅助教学，帮助学生理解相关电气线路的工作过程。

(7)教学过程中教师应积极引导学生提升职业素养，提高职业道德，形成职业习惯，努力培养创新能力。

(三)教学考核评价建议

本课程的考核采用综合考核的办法，即过程考核加终结性考核。

过程考核包括实验成绩、出勤情况、提问成绩、作业成绩，满分 100 分。

终结性考核为期末闭卷考试，满分 100 分。

总成绩 = 过程考核 ×40% + 终结性考核 ×60% 。

(四)课程资源的开发与利用

(1)充分发挥校内外实习基地的功用，聘请实践性强的技术人员和工人师傅来校指导，多组织学生进行供配电实地参观，有条件的应争取将学生分成若干小组分别到若干实习基地进行供配电实践，以强化学生的专业技能。

(2)充分利用已有的各类教学资源，选用符合教学要求的录像、多媒体课件，电影、资料文献等资源辅助教学，要注意介绍机械装调的新工艺、新技术、新成果，以拓展学生眼界，提高教学的效率、水平和质量。

(3)针对教学的需要和难点，对技术性强，学校能力(含师资)滞后的内容，要充分利用联合技术学院机电协作组的资源优势，相互学习帮助，以促进相关课程教学，特别是对一些尚未开发但能切实提高教学效率和质量的相关教学资源，要组织力量，开发相应的影像资料、多媒体课件、PPT 文本资料等辅助教学，并逐步实现资源共享，共同提高。

课程20 计算机装调与组建局域网

课程名称:计算机装调与组建局域网
课程性质:拓展平台课程
建议学时:48学时
适用专业:电气化铁道技术

一、前言

(一)课程定位

计算机装调与组建局域网主要培养学生具有计算机组装、系统设置、软件安装、测试、维护及系统优化的职业能力以及培养学生对计算机网络各部件的认知,熟悉网络基本知识,掌握计算机网络的组建、安装、调试和常见故障的诊断、排除的基本职业能力,从而达到国家"微型计算机安装与调试维修工"高级工职业资格能力,让学生毕业后不需要企业另外对其培训就能上岗。

(二)教学设计思路

结合本课程特点,以职业能力为核心,以实用够用为限度,不追求专业理论知识的面面俱到,而是在基本保持专业理论知识完整性的基础上,按照职业岗位工作的需要去精选适合的专业理论知识并结合实际岗位需要进行设计,力图达到理论知识的传授与职业岗位的需要相结合。本课程学习领域设计的基本思路是:根据专业能力、方法能力和社会能力的目标,以学生为主体、以行动为导向、教学做一体化,基于工作过程的课程开发方法进行设计。将典型工作任务作为工作过程的知识载体,按照学生职业能力发展规律构建学习领域。将学习领域分成各自独立的学习情境。

二、课程目标

本课程的总体目标是:通过任务引领型的项目活动,使学生在认知和实际操作上,对计算机系统的软、硬件有一个整体认识,掌握计算机拆装、系统优化、故障诊断和排除,是计算机网络组建、应用岗位工作的必修课程。其功能是培养学生对计算机网络各部件的认知,熟悉网络基本知识;掌握计算机网络的组建、安装、调试和常见故障的诊断、排除的基本职业能力。倡导学生"做中学、学中做",培养学生诚实、守信、善于沟通和合作,为提高学生各专业化方向的职业能力奠定良好的基础,为今后从事计算机组装与维护及网络管理与维护工作奠定良好的基础。

1. 能力目标

(1)能识别计算机硬件并根据用户需求合理选择计算机系统配件。

(2)能熟练组装一台微型计算机并进行必要的测试。

(3)能熟练安装计算机操作系统和常用应用软件。

(4)初步学会诊断计算机系统常见故障,进行计算机系统的日常维护。

(5)能识别计算机网络硬件设备。

(6)能安装计算机(网络)操作系统和应用软件，能安装和配置计算机网络硬件设备，能组建局域网。

(7)能测试、诊断和排除计算机网络系统常见的软、硬件故障，能掌握计算机及网络与互联网连接的各种方式。

2. 知识目标

(1)了解计算机各部件的类型、性能和组成。

(2)掌握计算机各部件的选购、安装方法。

(3)了解微型计算机系统的设置、调试、优化及升级方法。

(4)了解微机系统常见故障形成的原因及处理方法。

(5)了解和熟悉计算机网络的基本知识,包括网络概念、网络的分类、协议概念、网络体系结构概念与作用。

(6)掌握 IP 地址的概念、分类使用及子网的划分,子网掩码的计算与使用。

(7)掌握局域网组建的方法与相应步骤。

(8)掌握常用的网络命令与网络故障分析等综合能力。

三、课程内容与要求(表 6-4)

计算机装调与组建局域网课程内容和要求 表 6-4

序号	工作项目	能力要求	模块	任务	活动设计	参考学时
1	项目一 组装计算机与计算机日常维护	**知识:** 1. 掌握计算机各个部件的功能和结构; 2. 熟悉计算机组装的正确步骤; 3. 了解和掌握计算机硬件的日常维护 **技能:** 1. 能识别计算机各部件的功能及结构; 2. 能根据用户需求合理选择计算机配件; 3. 能熟练组装一台计算机	组装计算机	认识计算机	识别计算机各个部件	6
				组装计算机与计算机日常维护	1. 计算机组装的正确步骤; 2. 每个硬件的拆装手法,按步骤快速组装一台计算机; 3. 对计算机各硬件进行日常维护	

续上表

序号	工作项目	能力要求	模块	任务	活动设计	参考学时
2	项目二 配置与软件安装	**知识:** 1. 掌握 BIOS 的基本设置; 2. 掌握硬盘的分区与格式化; 3. 了解和掌握系统软件和常用软件的安装 **技能:** 1. 能进行典型操作系统与驱动程序的安装,会使用自带的系统工具; 2. 会使用常用杀毒软件和防火墙	配置 BIOS 与硬盘格式化	配置 BIOS 与硬盘格式化	1. 了解进入计算机 BIOS 进行基本设置; 2. 进入计算机 BIOS 进行个性化设置; 3. 学习并对硬盘进行初始化	8
			软件安装	操作系统安装与数据恢复	1. 安装操作系统; 2. 计算机部件驱动程序的安装; 3. 系统备份和恢复	
				常用软件应用与网络设备使用	1. 碎片整理、磁盘修复、内存整理、优化工具的运用; 2. 常用杀毒软件和防火墙的设置; 3. 常用网络设备安装、使用	
3	项目三 设计简单的计算机网络	**知识:** 1. 了解网络的基本概念、网络的分类; 2. 理解网络的体系结构及 IP 地址; 3. 熟悉常用传输介质 **技能:** 1. 能独立完成双绞线的制作(交叉线/直通线); 2. 能安装网卡及相应的软件; 3. 能实现双机互连的网络配置,能实现文件共享	简单的计算机网络的实现	双绞线的制作(交叉线/直通线)	1. 直通线的制作; 2. 交叉线的制作	12
				实现双机互连和文件共享	1. 网卡安装; 2. 网络 IP 地址配置; 3. 主机名设置	
					1. 文件共享设置; 2. 其他双机互联方法(蓝牙方案)(选学)	
4	项目四 小型办公对等网络的组建	**知识:** 了解网络拓扑结构,理解不同的区别; 了解常用的网络设备; 掌握 IP 地址中子网的划分与子网掩码的计算 **技能:** 1. 能独立完成网络软硬件的配置; 2. 能实现文件与打印机的共享; 3. 能分析解决实际问题,并能合作、沟通交流	对等网络的组建	IP 地址及子网掩码设置	1. 子网划分; 2. IP 地址分类及设置; 3. 子网掩码分类及设置	10
				打印机及文件共享设置	1. 打印机安装及驱动程序安装; 2. 网络打印机的设置	

续上表

序号	工作项目	能力要求	模块	任务	活动设计	参考学时
5	项目五 家庭、宿舍网络的组建	知识： 1. 了解广域网概念和 internet； 2. 了解无线传输及无线设备； 3. 掌握路由器的设置步骤； 4. 掌握其他连接 Internet 的方式； 5. 掌握代理服务器的配置； 6. 掌握路由器的设置步骤； 7. 掌握无线方案配置。 技能： 1. 能安装无线网卡及路由器； 2. 能实现 Internet 的连接； 3. 能设置小型宽带路由器； 4. 能实现代理服务器的上网管理； 5. 能分析解决实际问题，并能与他人团结合作、沟通交流	家庭网络的组建	交换机的连接上网	1. 画出网络拓扑图； 2. 宽带路由器的连接与设置	12
				无线路由器的连接上网	1. 无线路由器连接； 2. 无线路由器的设置； 3. 无线 AP 的设置	
			宿舍网络的组建	代理服务器配置	1. 代理服务器软件的使用，ICS 实现连接共享； 2. 交换机方案（WINROUTER 代理 /SYSGATE 代理）； 3. 无线对等网络方案	
合计						48

本课程的理论教学内容是必修内容。

对理论知识的教学要求分为了解、理解、掌握三个层次。

（1）了解：对知识有初步和一般的认识，知道“是什么”。

（2）理解：能够领会基本概念、基本理论的含义，能够解释和说明一些简单的问题。

（3）掌握：能够熟练地运用知识，分析和解决一些具体问题。

四、实施建议

（一）教材选用和编写建议

1. 教材选用

（1）刘瑞新编，《计算机组装与维护教程》（第 6 版），机械工业出版社，2015 年出版。

（2）贾民政、朱元忠编著，《小型局域网的组建与维护》，科学出版社，2010 年出版。

2. 教材编写原则与要求

课程标准和实训指导书、实验指导书由本院教师自编。

3. 教学参考资料使用建议

（1）程征宇等编著，《局域网组建》，中国铁道出版社，2010 年出版。

（2）沈大林、张伦等编著，《局域网组建》，中国铁道出版社，2009 年出版。

（二）教学建议

学习与实习实训条件有多媒体教室或一体化教室 3 个，有投影仪、电脑等若干。硬件组装和维修室 1 个，有各种计算机、外部设备 100 台。有三个校外实训室。学习条件主要有教材、课程标准、教案、实践指导书、常见计算机部件、多媒体课件、视频和图片、职业技术标准、技术手册等。

（三）教学考核评价建议

（1）教学考核分为：过程性考核、笔试、实操、课程论文、项目汇报或相互结合；

（2）形式为：自主考核。

课程 21　低压配电接线

课程名称:低压配电接线
课程性质:拓展平台课程
建议学时:32 学时(理论 16 学时、实践 16 学时)
适用专业:电气化铁道技术

一、前言

本课程是电气化铁道技术专业的专业必修课程。其功能是通过实践教学方式、采取多种行动导向教学方法,培养学生选择导线和电气元件型号能力,熟练阅读供配电系统的一、二次电气原理图和安装接线图的能力,并能根据电气原理图和安装接线图进行一、二次回路的安装、调试,分析、排除简单的电气故障的能力;按国家设计标准进行低压配电柜设计及安装的能力;熟练使用电工工具的能力;培养学生分析生产实际问题和解决实际问题的能力;培养学生的团队协作、勇于创新、敬业乐业的工作作风。本课程与前修课程课程相衔接,共同培养学生电路分析及电工技术的基本技能;与后续课程毕业设计相衔接,共同培养成套配电装置设计、安装、调试、运行与维护能力。使学生具备基本的职业素质和职业操守。

(一)实训目标

供配电系统运行与维护课程是面向供电企业、用电企业和电气设备制造企业的相关工作岗位,培养既能在供电企业从事技术工作,又能在企事业单位从事供配电设备设计、安装、调试、运行、维护工作的高素质的技能型人才。

1. 能力目标

(1)能读懂供配电系统的一、二次电气原理图和安装接线图。

(2)能正确选择导线及电气元件并进行校验。

(3)能根据电气原理图和安装接线图进行一、二次回路的安装、调试,分析及排除简单的电气故障。

(4)能按国家设计标准进行低压配电柜设计。

(5)能熟练使用电工工具。

2. 知识目标

(1)了解变电所和车间常用低压开关柜的结构、性能、安装要点、操作方法、使用注意事项。

(2)了解导线的种类、结构、型号、性能、布线工艺要求。

(3)掌握分析供配电系统一、二次回路的原理图及安装接线图的方法。

(4)掌握电气安全的基本知识,遵守安全操作规程,保证人身和设备安全。

(5)掌握电气元件的安装要点。

(6)熟练掌握电气控制线路分析和排除故障的方法和步骤。

3. 素质目标

(1)培养学生自主学习能力、观察能力、团队合作能力、专业技术交流的表达能力。

(2)培养学生具有制订工作计划的方法能力。

(3)使学生具有解决实际问题的工作能力。

(4)使学生具有获取新知识、新技能的学习能力。

(5)培养学生勇于创新、敬业乐业的工作作风。

(6)使学生具有环保意识、安全意识。

(二)项目设计理念

通过对电气化铁道技术、机电一体化技术和自动化技术等专业工作岗位分析,确定了课程的设计思路为:根据各专业人才培养方案和专业知识结构、技能、素质的要求,按照基于工作过程导向的课程开发方法,提炼出与本课程对应的主要职业岗位、典型工作任务和职业岗位能力要求,并以此为依据,确定本课程的教学目标、任务和内容。根据岗位面向和分院教学设备情况,以真实的企业工作项目为教学项目,以典型的工作任务为教学任务,围绕完成工作任务所需要的知识、技能及素质,并参照职业资格鉴定标准,基于完整的工作过程选取、整合、序化教学内容,构建适合职业岗位能力培养的实践课程体系。

(三)核心技能描述

本课程以低压电气配电柜主接线的理实一体化教学模式进行。

学生应对工厂及变电所常用低压开关柜的结构、性能、安装要点等做初步的了解,对主母线、继电器、断路器、互感器等各类仪表的性能有较好的了解;再进行对导线的种类、结构、型号、性能、布线工艺要求等查阅相关资料和手册;对常用低压电器设备有较为详细的认知和应用能力,具备掌握分析供配电系统一、二次回路的原理图及安装接线图的方法,掌握电气安全的基本知识,遵守安全操作规程,保证人身和设备安全。

(四)教学内容与要求(见表6-5)

低压配电接线教学内容与要求 表6-5

序号	工作项目	能力要求	模块	任务	活动设计	参考学时
1	项目一 低压配电柜类型的认识	**知识:** 1. 在教学过程中培养锻炼学生的团队合作能力; 2. 具备专业技术交流和制订工作计划的方法的表达能力; 3. 获取新知识、新技能的学习能力; 4. 解决实际问题的工作能力 **技能:** 1. 学会对各低压设备的熟知与安装; 2. 看图接线,安全操作	1. 配电柜类型认知; 2. 配电专用设备认识; 3. 专用母线和导线的认知; 4. 仪表及连接方法及认识	1. 低压配电柜的结构和用途; 2. 认识配电柜上所有低压电器设备及型号; 3. 了解专用母线与各类连接导线; 4. 了解二次测量仪表及精度等级; 5. 低压配电柜接地装置	1. 熟悉低压配电柜电气接线图; 2. 进行对专用母线按黄、绿、红进行排列; 3. 认识智能型断路器、继电器、接触器、电压与电流互感器、万能转换开关、按钮开关等结构与性能; 4. 认识测量仪表(电压表、电流表等)精度等级; 5. 认识指示灯及综保装置的性能; 6. 认识接地装置和测量接地电阻	4+4

续上表

序号	工作项目	能力要求	模块	任务	活动设计	参考学时
2	项目二 照明配电柜的装配	**知识：** 1. 在教学过程中培养锻炼学生的团队合作能力； 2. 熟练使用工具的动手能力； 3. 有独立思考和解决问题方法能力； 4. 能看懂安装图与绘制电路图能力 **技能：** 1. 掌握交流与直流转换； 2. 掌握照明配电技术应用； 3. 熟悉安全操作规程	1. 低压照明设备； 2. 照明配电技术要求； 3. 整流专用设备； 4. 端子接线排列标记	1. 能正确使用装配电工常用组装工具； 2. 能按安装工艺要求正确安装电气元件； 3. 能遵守安全操作规程，调试照明配电柜	1. 了解装配电工常用组装工具的使用方法； 2. 掌握分析供配电系统一、二次回路原理图和安装接线图的方法； 3. 掌握电气元件和导线的选择原则； 4. 熟悉安全操作规程	2+2
3	项目三 低压开关柜的装配	**知识：** 1. 在教学过程中培养锻炼学生的团队合作能力； 2. 在操作过程中有一定的表述能力； 3. 对装配过程能写出工艺流程能力； 4. 在装配过程中具有获取新知识、新技能的学习能力 **技能：** 1. 掌握断路器结构性能； 2. 掌握各继电器及开关性能； 3. 熟练的工艺接线方法	1. 母线校正与安装； 2. 断路器及保护安装； 3. 继电器、互感器安装； 4. 接地装置与仪表连线安装	1. 能按安装工艺要求正确安装电气元件； 2. 能遵守安全操作规程，调试、检测和维修	1. 对低压开关柜内部电路进行详解，并让学生弄清各元件连接关系，读懂安装图； 2. 对每一个电器元件结构及原理熟悉和检测可靠性； 3. 安装顺序：先电源排线、就重后轻、从下向上、先主电路后辅助电路、先电器元件后仪表工艺接线； 4. 安装完毕后进行检测与验收	4+4
4	项目四 综合控制柜的装配	**知识：** 1. 在教学过程中培养锻炼学生的团队合作能力； 2. 在操作过程中有一定的表述能力； 3. 对装配过程能写出工艺流程能力； 4. 在装配过程中具有获取新知识、新技能的学习能力 **技能：** 1. 掌握配电引线顺序及标号； 2. 学会对复杂电路分段分析方法； 3. 学会调试各元件配合与应用； 4. 会看复杂电气原理图	1. 高低压配电设备连接装置； 2. 智能断路器与 PLC 主机运用装置； 3. 继电保护室电缆线路工艺接线； 4. 指示报警与接地装置与接线	1. 熟练掌握电气元件的结构、工作原理、性能、操作方法、选择方法及检测方法； 2. 熟练掌握复杂控制路的分析方法； 3. 掌握根据实际需要，设计、安装、调试、运行和维护综合控制柜的方法	1. 掌握综合控制柜电气元件的结构、工作原理、性能、操作方法、选择方法及检测方法； 2. 读懂并绘制电气安装图，熟知各电器元件结构及功能； 3. 安装顺序：先母线排后电器元件，先重后轻挂架电器，自下向上，先主电路后控制电路，先电器元件连接后仪表工艺接线； 4. 绘制柜内所有电气的接线和继电保护接线原理图； 5. 安装完毕检测并验收	4+4

续上表

序号	工作项目	能力要求	模块	任务	活动设计	参考学时
5	项目五 低压配电柜综合检测与维护	**知识：** 1. 在教学过程中培养锻炼学生的团队合作能力； 2. 在操作过程中有一定的表述能力； 3. 对装配过程能写出工艺流程能力； 4. 在装配过程中具有获取新知识、新技能的学习能力 **技能：** 1. 熟练工具使用； 2. 熟练仪表检测应用； 3. 具备一定汇总能力	1. 常用检测方法与手段； 2. 各触点绝缘电阻与接地； 3. 带电模式的检测方法； 4. 仪表精度检测，警示与指示灯检测	1. 检测仪表与检测工具的应用操作方法； 2. 通电操作检测的安全操作方法； 3. 绝缘检测与接地安全操作； 4. 编制综合实训总结报告； 5. 综合评价	1. 熟练掌握各类检测仪表的工作原理、性能、精度等级选择方法、检测方法及操作方法； 2. 熟练掌握复杂控制电路的分析方法； 3. 熟悉安全规程，对低压配电柜安装、调试、运行和维护综合控制柜的方法； 4. 绘制柜内所有电气的接线和继电保护接线原理图； 5. 撰写实训学习工作总结	2+2
合计						32

二、教材选用

（1）袁明仁主编，《高低压电器装配工（高级技师技能）》，中国劳动社会保障出版社，2014年出版。

（2）马桂荣、王全亮主编，《工厂供配电技术》，北京理工大学出版社，2014年出版。

（3）刘介才主编，《工厂供电》，机械工业出版社，2015年出版。

三、教学组织过程建议

低压开关柜装配课程为实践课程，在讲授相关理论知识时，可以在多媒体教室进行集体讲授；在训练学生专业技能时，应在车间或装配电工实训室进行分组实训，以小组为单位，教师为主导，学生为主体独立操作。要求配备相关多媒体光盘（包括维修电工中高级职业技能鉴定光盘），便于讲授与演示。要求配备螺母旋具、冲击电钻、电工用梯、圆头锤、电工刀、钢手锯、扳手、手电钻、丝锥、绝缘导线、配电盘、电动机、常用低压电器及仪表等实训器材，便于实践操作。

教学组织模式，见表6-6。

教学组织模式 表6-6

项目	理论教学	实践教学
教学环境要求	教室，配备多媒体设备	学院的车间变电所或车间、装配电工实训室
教学材料要求	多媒体课件、维修电工中高级职业技能鉴定光盘	实验指导书、配电盘、电动机、常用低压电器、仪表、常用电工工具
教学组织模式	集中讲授、分组讨论	分组实训，以小组为单位，教师为主导，学生为主体独立操作

四、教学方法与手段

本课程针对具体教学内容灵活采用任务驱动法、演示法、实践操作法、小组讨论法、案例法、引导问题法等多种教学方法。在教学过程中通过多种行动导向教学法引导学生通过自主学习、听课、小组讨论、观察、表述、实践操作等方法掌握所学知识与技能。同时使用计算机、多媒体等现代教学手段进行教学。

(1)任务驱动法:为学生提供体验实践的情境和感悟问题的情境,围绕任务展开学习,以任务的完成结果检验和总结学习过程等,改变学生的学习状态,使学生主动建构探究、实践、思考、运用、解决、高智慧的学习体系。此教学方法主要在项目一、二、三中采用。

(2)讲练结合法:是学生在教师的指导下巩固知识、运用知识、形成技能技巧的方法。此教学方法主要在项目一、二、三中采用。

(3)案例教学法:以案例为基础的教学法,是教师在教学中以用途不同的配电箱设计、安装、调试为案例,鼓励学生应用已掌握的知识和技能,通过小组讨论,使学生能独立完成设计、安装、调试等工作任务,此教学方法主要在项目三中采用。

(4)分组实训法:在教师的指导下,学生以小组为单位,进行研究和实践操作的学习方法。此教学方法主要在项目一、二、三中采用。

(5)讨论法:在教师的指导下,学生以全班或小组为单位,围绕工作任务的中心问题,各抒己见,通过讨论或辩论活动,获得技能或巩固技能的一种教学方法。此教学方法主要在项目一、二、三中采用。

(6)读书指导法:教师指导学生通过阅读教科书或参考书,以获得知识、巩固知识、培养学生自学能力的一种方法。此教学方法主要在项目三中采用。

(7)直观演示法:教师在课堂上通过展示各种实物、直观教具或进行示范性操作,让学生通过观察获得感性认识的教学方法。此教学方法主要在项目一、二、三中采用。

(8)多媒体演示法:通过图片、声音、动画、视频等多媒体方式进行演示、讲解,使学生获得知识和技能的方法,主要在项目一、二、三中采用。

(9)讲授法:教师通过叙述、描绘、解释、推论来传递信息、传授知识、阐明概念,引导学生分析和认识问题。

五、其他说明

1. 教学考核

本课程采取过程性考核与综合性考核相结合的考核评价方式。课程总成绩=过程性考核成绩的40%+综合性考核成绩的60%。

2. 教学评价

本课程教学效果的评价以表6-7为参考。

教学考核与评价表 表 6-7

评分内容	评价目标	评分标准	评价方式	评价分值
职业素质考核	考核学生的自学能力、表达能力、团队协作能力、自信心、社会责任心，职业习惯和敬业精神	根据学生学习过程的表现分为四等：A. 非常好；B. 较好；C. 一般；D. 不好	教师评价、互评、自评，包括：出勤、态度、方法能力、社会能力	15 分
理论知识的运用考核	考核学生对知识、方法的掌握和工作过程中出现现象的理解与解释能力，侧重于学生理解能力、分析能力等智能因素的考核	根据学生对理论知识掌握情况的准确程度和运用程度，分为四等：A. 非常好；B. 较好；C. 一般；D. 不好	教师评价，包括：作业、元件选择、电路工作原理和故障分析、设计、答辩	35 分
实践技能考核	考核学生将理论联系实际的能力，侧重学生实际操作技能的考核	根据学生电工工具的使用情况、实际操作任务的完成情况，分为四等：A. 非常好；B. 较好；C. 一般；D. 不好	教师评价、互评、自评，包括：操作、实验报告、答辩环节	50 分
综合得分	100 分			

课程 22　避障机器人设计与制作

课程名称:避障机器人设计与制作
课程性质:拓展平台课程
建议学时:48 学时
适用专业:电气化铁道技术

一、前言

(一)课程定位

本课程主要面向机电工程学院机电、自动化、电气化铁道技术等专业,为拓展平台的项目化课程,安排在电气铁道化技术专业第二学期上,共 48 个学时,旨在培养学生的动手能力,拓展自己的专业知识,专注学生的兴趣点。

(二)教学设计思路

以项目为驱动,设计项目课程,分为五大项目:项目一为 MultiFLEX 控制卡认识;项目二为编写 C 程序实现对 16 路 I/O 口的控制;项目三为搭建项目工程;项目四为避障小车搭建;项目五为过程资料汇总及成果展示。按照认识、编写、环境搭建、测试、总结评价这样一条脉络进行。

二、课程目标

(一)知识目标

(1)熟悉关于 AVR 单片机的 I/O 口有关的寄存器的概念、作用。
(2)能正确使用简单的 C 语言函数。
(3)能正确独立搭建环境建立工程。
(4)能掌握舵机调试及电机调试技巧。
(5)能正确使用组件包中的元件、扣件使用技巧。
(6)能熟练使用电烙铁及胶枪。
(7)熟悉一个项目制作流程及资料收集。

(二)素质目标

(1)培养学生良好的职业道德、科学严谨的工作态度。

(2)培养学生良好的沟通能力和优秀的团队协作精神。

(3)培养学生勇于创新、与时俱进的工作作风。

授课班学生组建小组,从方案设计、论证、实施、跟进、过程资料收集、测试、评价一系列的流程,培养学生严谨、积极、富有创意、合作、包容的心态,养成学生整理、整顿、清理、清洁、素养的意识。

三、课程内容与要求(见表6-8)

避障机器人设计与制作课程内容与要求 表6-8

序号	工作项目	能力要求	模块	任务	活动设计	参考学时
1	项目一 MultiFLEX 控制卡认识	**知识:** 1. 熟悉关于 AVR 单片机的 I/O 口有关的寄存器的概念、作用; 2. 了解 C 语言环境下编写控制程序,并编译、下载到 MultiFLEX 控制器中执行的流程 **技能:** 熟悉 MultiFLEX 控制卡的作用、能够正确理解控制器控制方式	Multi-FLEX 控制器功能结构	MultiFLEX 控制器使用	1. WinAVR 以及 AVRStudio 软件的安装; 2. 用 3AVRStudio 建立一个工程; 3. 将 *. hex 文件烧录至 MultiFLEX 控制卡中	4
2	项目二 编写 C 程序实现对 16 路 I/O 口的控制	**知识:** 1. C 语言的认知; 2. 16 路 I/O 口控制方法 **技能:** 1. 能正确使用简单的 C 语言函数; 2. 能掌握 main 函数、用 C 语言思维去解决问题; 3. 循环语句的使用技巧	1. C 语言认识	1. C 语言结构	1. C 语言上机的步骤; 2. 书写最简单的 C 语言语句	4
				2. 数据类型、运算符	1. 数据类型分类; 2. 用运算符实现 C 语言的简单运算	
			2. 实现控制 16 路 I/O 口	1. 模块化中 I/O 口控制函数	1. 控制函数使用; 2. 实现简单的发光二极管闪烁	4
				2. 条件控制	1. 发光二极管流水灯效果; 2. 人为触摸方能启动流水灯	
				3. while、for 循环的使用	1. 使用循环语句控制 I/O 口; 2. 加触发条件和控制函数一起控制 I/O 口	

续上表

序号	工作项目	能力要求	模块	任务	活动设计	参考学时
3	项目三 搭建项目工程	**知识：** 1. 工程的概念及构成； 2. 舵机及电机使用方法 **技能：** 1. 能正确独立搭建环境建立工程； 2. 能掌握舵机调试及电机调试技巧	1. 项目整体分析	1. 整体结构及功能分析	1. 功能分析； 2. 需要的器件及思路、规划图纸	6
				2. 明确要求	1. 确定避障小车避障距离； 2. 避障角度、速度	
			2. 搭建工程项目流程	1. 环境搭建	1. 会定义所需要 I/0 口，并标记； 2. 红外传感器的使用及定义端口	6
				2. 调试	1. 能够熟练调试红外传感器； 2. 定义舵机及电机端口	
				3. 多功能舵机调试器、驱动板、下载器的使用	1. 掌握舵机调试软件； 2. 熟练使用驱动板及下载器	
4	项目四 避障小车搭建	**知识：** 1. 熟悉“创意之星”组件包元器件； 2. 常见的搭建技巧 **技能：** 1. 能正确使用组件包中的元件，扣件使用技巧； 2. 能熟练使用电烙铁及胶枪	1. 组件包中元件	1. 根据设计图使用组件包中元件搭建模型	1. 学会看设计图纸； 2. 搭建创意的避障机器人	6
				2. 认识超声波传感器	1. 使用超声波传感器进行测量； 2. 搭建避障小车地盘	
			2. 安装	1. 驱动模块及执行单元安装	1. 掌握避障小车轮胎安装技巧； 2. 掌握驱动模块的使用方法	6
				2. 传感器的安装	1. 避障传感器安装位置； 2. 角度及距离的设定技巧	
				3. 线路的布置技巧	1. 具有美观性； 2. 线路串并联的使用技巧	

续上表

序号	工作项目	能力要求	模块	任务	活动设计	参考学时
5	项目五 过程资料汇总及成果展示	**知识：** 1. 熟悉一个项目制作流程及资料收集； 2. 展示视频拍摄 **技能：** 1. 能正确学会一个项目从开始到结束整个项目的流程； 2. 能够有很好的沟通、团队合作	1. 项目流程及过程资料的收集	1. 避障小车项目	1. 书写避障小车项目流程； 2. 小组中每人主要负责的部分	6
				2. 过程资料的收集	1. 补充过程资料，讨论资料、会议资料； 2. 视频影像资料的收集获取	
			2. 汇总	1. 创意展示	1. 通过喜欢的形式将制作产品推出； 2. 视频制作讲解或者其他	6
				2. 过程付出	1. 过程困难； 2. 最终的收获	
				3. 团队视频资料	1. 项目的结束总结； 2. 项目不足及后续的改进	
合计						48

四、实施建议

（一）教材选用和编写建议

1. 教材选用

姚宪华，梁建宏主编，《创意之星》，北京航空航天大学出版社，2010 年出版。

2. 教材编写原则与要求

教程采用基础篇、实践篇和竞赛篇，步步进阶模式。

（1）基础篇：通过介绍国内外一些典型机器人的原理及功能和主流的机器人竞赛，并形象地从机器人的“大脑”、“五官”、“肌肉”等角度介绍各种常用传感器、执行器、控制器和机器人编程语言的知识，供学生在设计制作机器人时补充背景知识。

（2）实践篇：以项目式教学的方式编排，指导读者使用“创意之星”机器人套件开发完成 4 个循序渐进的机器人项目。

（3）竞赛篇：详细介绍如何使用“创意之星”机器人套件开发制作“机器人武术擂台赛”参赛平台的原理和技巧。本书配套光盘中提供了精彩的视频资料，另有大量教学所需的其他图文资料。

3. 教学参考资料使用建议

无

(二)教学建议

班级分组学生不宜过多,5～6 人一组,分工明确,严格按照任务执行,注意过程资料的收集工作。

(三)教学考核评价建议

教学考核分为:过程性考核与项目汇报相结合的方法。

形式为:自主考核。

(四)课程资源的开发与利用

(1)充分利用学校的课程资源库、报刊、教学挂图、投影片、音像资料和教学软件等。

(2)利用校外资源网络、媒体、国内国际比赛赛事等前沿科技来扩展学生的视野。

(五)其他说明

本课程标准面向机电类专业的学生,可作为拓展课或者选修课,培养学生的兴趣及动手能力。

课程23　轨道交通客运组织

课程名称:轨道交通客运组织
课程性质:拓展平台课程
建议学时:32 学时
适用专业:电气化铁道技术

一、前言

(一)课程定位

轨道交通客运组织属于城市轨道交通运营管理专业的专业核心课程,侧重于理论联系实际,是轨道交通运输组织体系课程的一个重要组成部分。依据人才培养方案,轨道交通客运组织是学生应当具备的专业能力,隶属于轨道交通相关知识的子模块。

通过本课程的学习和理论实践,对城市轨道交通客运组织的诸方面,如车站工作组织、售检票系统、安全检查工作等有一个基本了解,培养学生的独立思考能力和解决问题的综合分析能力,以使其在今后工作中能够更好地胜任客运、票务、安检等工作岗位。

(二)教学设计思路

课程设计思路是以岗位工作实际工作任务为中心,基于城市轨道交通客运组织工作过程安排课程内容,让学生在完成具体的学习性工作任务过程中学会完成相应工作任务,并构建相关理论知识,发展职业能力。

课程内容突出对学生职业能力的训练,以应用为目的,以必需、够用为度,并融合了站务员、行车调度员和客运调度员的职业标准来确定课程的教学内容和实践项目。按照轨道交通客运组织的主要内容归纳出学习情境,通过理实一体化的教学模式,实践教学与理论教学相辅相成,使学生能够更好地掌握完成各项工作所需的理论知识与操作技能。

二、课程目标

(一)知识目标

熟悉地铁票务政策及车票使用规定;掌握大客流情况下的客流组织原则、措施及控制方法;掌握客流预测的方法;熟悉客运突发事故的处理原则与技巧等;具备客流分析能力;能够正确办理城市轨道交通客运业务;能够处理大客流情况下的客流控制以及非正常情况下的各种客流组织;能够调查预测客流;能够按标准化作业及时妥善处理客运突发事故等。

(二)技能目标

客流分析能力;客流调查和客流量预测能力;制订客流计划能力;自动售检票系统模式选

择能力；票务规则执行能力；车站车票管理能力；车站票务事务处理能力；车站票务报表填写能力；车站票务钥匙管理能力；车站票款管理能力；车站设备、设施布置与运用能力；正常情况下客流组织能力；大客流组织能力；突发事件客流组织能力；处理票务安全突发事件能力；处理乘客安全突发事件能力。

（三）素质目标

（1）爱岗敬业、吃苦耐劳、知理守信。

（2）团队精神、沟通协调。

（3）认真细致、精益求精。

（4）安全作业能力。

（5）与同事及乘客的沟通能力。

（6）培养责任心与职业道德能力。

三、课程内容与要求（见表6-9）

轨道交通客运组织课程内容与要求 表6-9

序号	能力要求	学习情境	学习子情境	工作过程	教学过程	参考学时	教学资源
1	**知识：** 1. 了解城市轨道交通与常规地面交通的特点； 2. 熟悉车站的组成、车站设备及其子系统、导乘设施； 3. 熟悉客运服务的基本礼仪； 4. 掌握站务员的工作内容； 5. 熟悉各种城市轨道交通票卡及其用途； 6. 掌握售票工作流程； 7. 熟悉票务组织工作 **技能：** 1. 能区分城市轨道交通与常规地面交通； 2. 能分辨车站的不同组成部分并说出其功能； 3. 能识别常见的车站设备及设施； 4. 能根据站务员的日常工作内容及乘客进出站流程进行简单的客运组织； 5. 能分辨不同的城市轨道交通票卡； 6. 能进行BOM机和自动售票机售票操作； 7. 学会更换单程票箱 **素质：** 培养认真的学习态度和严谨的工作态度，培养学生团队合作的精神	日常客流组织	日常客流组织	1. 进出车站； 2. 进出闸机； 3. 站台候车； 4. 列车乘降； 5. 线路换乘	1. 资讯 （1）布置任务；（2）知识准备：公共交通基本知识；车站构造及设施；车站客流流线；站务员岗位职责及作业流程；客运服务基本礼仪；检票及乘降组织工作；售票组织；票务组织。 2. 决策 学生分组按照教师布置的任务，通过教学资源、网络等多种渠道进行讨论与分析： （1）城市轨道交通与常规地面交通；（2）车站的组成；（3）车站设备及其子系统，导乘设施；（4）站务员的工作内容；（5）客运服务的基本礼仪；（6）各种票卡及其用途；（7）售票工作流程；（8）票务组织及管理。 3. 计划 制订学习计划及日常客运组织方案，确定组员分工，确定组员角色，按照基本要求，确定情境内容。 4. 实施 （1）学生基本知识及工作内容知识准备；（2）制订学习计划；（3）组员分工，制订日常客运组织方案；（4）确定组员角色，确定情境演练内容；（5）分组准备方案汇报。 5. 检查 提交方案或者PPT汇报或者情境演练。 6. 评价 随机抽取小组汇报工作过程，或者分组上交相关文件资料，小组互查，教师评价	8	视频库、案例库、模拟题库、行业信息、流程图等

续上表

序号	能力要求	学习情境	学习子情境	工作过程	教学过程	参考学时	教学资源
2	**知识：** 1. 熟悉常见的无障碍设施； 2. 掌握特殊乘客客流组织的方式方法； 3. 熟悉限流常用的方式； 4. 了解客流的特征； 5. 掌握客流调查、分析与预测的基本方法； 6. 掌握受理和处理乘客投诉及纠纷的技巧 **技能：** 1. 能说出常见无障碍设施及其功能； 2. 能针对不同乘客选择合适的方法提供客流组织服务； 3. 能根据特定情况选择合适的限流方法； 4. 能用基本方法完成客流调查、分析与预测； 5. 能处理简单的乘客投诉及纠纷 **素质：** 培养认真的学习态度和严谨的工作态度，培养学生团队合作的精神	特殊情况客流组织	1. 特殊乘客(儿童、老年人；外籍乘客、民族乘客，残疾人)； 2. 雨雪天气； 3. 大客流爆满； 4. 乘客投诉	1. 进出车站； 2. 进出闸机； 3. 站台候车； 4. 列车乘降； 5. 线路换乘	1. 资讯 (1)布置任务；(2)知识准备：无障碍设施；客运服务技巧；限流组织(雨天、大客流)；客流特性与分布；客流调查分析与预测；乘客投诉处理。 2. 决策 学生分组按照教师布置的任务，通过教学资源、网络等多种渠道进行讨论与分析： (1)常见的无障碍设施及其功能；(2)在客运服务过程中可能会遇到哪些特殊乘客，应如何做好服务；(3)限流的方式；(4)客流的特征与分布情况；(5)客流调查、分析与预测的方法；(6)如何受理和处理乘客投诉。 3. 计划 制订学习计划及确定特殊乘客客流组织方案。确定组员分工，确定组员角色，按照基本要求，确定情境内容。 4. 实施 (1)学生基本知识及工作内容知识准备；(2)制订学习计划；(3)组员分工，制定特殊乘客客流组织方案；(4)确定组员角色，确定情境演练内容；(5)分组准备方案汇报。 5. 检查 提交方案或者 PPT 汇报或者情景演练。 6. 评价 随机抽取小组汇报工作过程，或者分组上交相关文件资料。小组互查，教师评价。	16	视频库、案例库、模拟题库、行业信息、流程图等
3	**知识：** 1. 熟悉车站可能会出现的突发事件； 2. 掌握突发事件的应急处理； 3. 掌握安全快速疏散乘客的方式方法 **技能：** 学会火灾、停电突发事件的应急处理方法，学会快速安全疏散乘客 **素质：** 培养认真的学习态度和严谨的工作态度，培养学生团队合作的精神	突发事件客流组织	1. 火灾； 2. 停电； 3. 暴恐	1. 紧急疏散； 2. 应急处理	1. 资讯 (1)布置任务；(2)知识准备：什么是突发事件，出现突发事件时应如何进行客流组织。 2. 决策 学生分组按照教师布置的任务，通过教学资源、网络等多种渠道进行讨论与分析： (1)可能出现的突发事件；(2)应如何做好应急处理；(3)如何快速安全疏散乘客。 3. 计划 制订学习计划及确定突发事件时客流组织特点。确定组员分工，确定组员角色，按照基本要求，确定情境内容。 4. 实施 (1)学生基本知识及工作内容知识准备；(2)制订学习计划；(3)组员分工，确定突发事件时客流组织特点；(4)确定组员角色，确定情境演练内容；(5)分组准备方案汇报。 5. 检查 提交方案或者 PPT 汇报或者情景演练。 6. 评价 随机抽取小组汇报工作过程，或者分组上交相关文件资料。小组互查，教师评价。	8	视频库、案例库、模拟题库、行业信息、流程图等
合计						32	

四、实施建议

(一)教材选用和编写建议

1. 教材选用

建议选用中国铁道出版社出版、朱海燕主编的《城市轨道交通客运组织》。

2. 教材编写原则与要求

(1)作为高职教材,编写时要注意以能力为本位,以岗位技能为目标,从基本认知到操作到管理决策,逐级递进,彻底打破原有的课程内容框架。有明确的教学目标,重点解决教学中的难点、重点,并注意教材的思想性、启发性和适用性。

(2)编写教材应理论联系实际,注意培养学生分析问题和解决问题的能力。通过对有关问题或有关领域的延展思考,启迪学生的遐想空间。为了培养学生具有良好职业道德、具有一定理论知识、具有较强操作和管理实践能力、具有可持续发展能力、为企业所欢迎的高技能应用型轨道交通运营管理人才,校企联合编写适合工学结合的教材,教材编写以校企合作、工学结合培养高技能人才的要求为目标,提高课程内容的应用性和针对性。

(3)教材内容坚持以学生为本、为教学服务,注意内容的前沿性及实战性。教材内容应以多种形式呈现(图、文、表等),提高学生的学习兴趣,加深学生对轨道交通客运组织知识的理解与掌握。

(4)编写教材必须遵循大纲要求,注意总结教学经验,体现循序渐进的原则,要注意由浅入深、由易到难,对于教材中的关键点、难点、重点,尤其要阐述透彻。

3. 教学参考资料使用建议

教材建议选用近3年出版的高职高专规划教材,也可以选择相应的辅助实训教材。

(二)教学建议

(1)重视学生在校学习与实际工作的一致性,有针对地采取工学交替、任务驱动、项目导向、课堂与实习地点一体化等行动导向的教学模式。

(2)根据课程内容和学生特点,灵活运用案例分析、分组讨论、角色扮演、启发引导教学方法,引导学生积极思考、乐于实践,提高教学效果。

(3)在教学过程中,重视轨道交通行业企业的发展趋势,贴近企业现场,采取工学交替的教学模式,着眼学生职业生涯的发展,致力于培养学生综合职业能力,积极引导学生提升自身职业素养和职业道德水平。

(三)教学考核评价建议

教学考核主要包括平时成绩、期中考核、期末考核3部分。平时成绩根据学生日常表现情况进行考评;期中考核成绩根据完成的项目情况进行打分;期末考评主要考核学生对本门课程的综合掌握情况。

(四)课程资源的开发与利用

(1)加强常用课程资源的开发,建立多媒体课程资源的数据库,努力实现跨学校多媒体资源的共享,以提高资源利用效率。

(2)实现课程资源网络化,充分利用诸如电子书籍、电子期刊、数据库、数字图书馆、教育网站和电子论坛等网络信息资源,使教学媒体从单一媒体向多种媒体转变;使教学活动从信息的单向传递向双向交互转变;使学生从单独的学习向合作学习转变。

(3)联合合作企业,加强校内、校外实训基地建设,共同开发实训课程资源,同时促进学生就业。充分利用实训室,以满足校内技能训练需要和考核需要,满足高职学生综合职业能力培养的需求。

(五)其他说明

本课程标准适用于新疆交通职业技术学院电气化铁道技术专业。

第七部分

综合实践平台课程标准

课程 24　维修电工取证实训

课程名称:维修电工取证实训
课程性质:综合实践平台课程
建议学时:52 学时(实践)
适用专业:电气化铁道技术

一、前言

课程定位

维修电工取证是电气化铁道技术、机电一体化技术、城市轨道控制技术专业的必修课程,为理实一体化课程。其前修课程为机械制图、电工基础等,通过电工基础的学习,学生掌握电学基本概念、定律以及交直流电路的分析方法。通过电机拖动与电气控制相关知识的学习,学生掌握常用低压电器的结构、作用、工作原理及选用原则,电机拖动及电气控制技术的基本理论知识与技能,为本课程学习打下良好的理论基础。通过本课的学习,学生掌握基本的以继电器为主的电气控制系统安装与维修的基本知识和基本技能,为学生的顶岗实习和毕业论文的撰写提供了理论支撑。

二、实训目标

(一)总体目标

本课程通过以实际工作任务为驱动,以实际工作过程为导向的教学活动,训练和提高学生综合运用电力拖动与电气控制技术等知识解决实际问题的能力,使其能够胜任电气系统线路及器件的安装、调试与维护、修理的任务,为未来从事相关岗位的工作奠定能力基础。本课程的教学目标是使学生掌握根据电气控制设备的工艺要求,查找有关资料,选择电器元件,安装电气线路,故障查找与调试,整理设计资料,注重能力培养与创新教育,在独立完成设计任务的同时注意多方面能力的培养与提高,使学生具有较强的工作适应能力。

(二)具体目标

1. 知识目标

(1)电气系统元器件的选用和安装的基本知识。
(2)常用低压电器元件的使用及安装方法。

(3)对常用电气控制线路的基本要求及分析。

(4)对典型电气控制线路的工作原理图熟悉。

(5)根据工艺要求进行操作接线,并理解电气控制线路的原理。

(6)电气控制线路的检测与调试。

(7)电气控制线路工艺。

(8)进行电动机的起动、制动与调速控制。

(9)进行对电气控制线路的故障排故与运行操作。

2. 能力目标

(1)能处理电机和电器控制电路的简单故障。

(2)具有查阅手册等工具书和设备铭牌、产品说明书、产品目录等资料的能力。

(3)能阅读电气原理图,并能画出简单的电气控制原理图。

(4)能够根据需要完成常用低压电器种类和主要参数的选择。

(5)根据给定的控制要求,能够设计控制线路,选择最佳的控制线路方案。

(6)能够正确使用仪器、仪表。

(7)能按照操作规范进行正确操作。

(8)能正确记录、分析各种检查结果。

3. 素质目标

(1)具有良好的安全生产意识,能够自觉按规程操作。

(2)具有良好的合作精神与沟通能力。

三、项目设计理念

通过此项实训旨在加强学生在电气控制方面的实践技能训练,培养学生的综合职业能力和职业素养;独立学习及获取新知识、新技能、新方法的能力;与人交往、沟通及合作等方面的态度和能力。

四、核心技能描述

维修电工取证实训课程既是一门专业基础课程,又是一门实践性很强的课程,是以安装、操作、维修电工等职业岗位群和技术领域的技能需要为依据设置的实践教学项目,更新实践内容。整个实训内容分为基础技能实训、应用技能实训、综合技能实训和贴近生产技能实训。在每个实训阶段,分别设立不同的实训内容和实训项目。在生产技能训练中,强调工学结合,以就业为导向,将技能教给学生,将实验室作为学生生产训练的基地,培养学生为社会服务的理念,使学生在学校期间接触实际生产,得到实际技能训练。在教学内容组织与安排上,针对课程内容和教学进程,采用现场亲自言传身带的教学手段,注重理论教学与实践教学相结合。

五、实训内容与要求

(一)维修电工取证实训综合内容及要求(见表 7-1)

维修电工取证实训授课内容及要求 表 7-1

<table>
<tr><th rowspan="2">学习项目</th><th rowspan="2">技能要求</th><th rowspan="2">知识要求</th><th rowspan="2">素质要求</th><th colspan="3">内容安排</th></tr>
<tr><th>授课内容</th><th>教学设计</th><th>参考学时</th></tr>
<tr><td rowspan="5">项目一
安全用电及电器设备结构认知</td><td rowspan="5">1. 安全用电的基本规则;
2. 常用电器设备结构拆装认识与检测;
3. 常用工具及测量仪表的使用</td><td rowspan="5">1. 通过安全教育;
2. 熟悉常用电工工具使用方法;
3. 理解电路的工作原理</td><td rowspan="5">严格遵守安全操作规程,培养认真的学习态度及解决实际问题的能力,培养严谨的工作态度,严格遵守安全操作规程</td><td>1. 安全用电教育</td><td rowspan="5">1. 安全教育;
2. 实训说明;
3. 发放电路图;
4. 讨论电路原理;
5. 工具准备;
6. 实践操作</td><td rowspan="3">2</td></tr>
<tr><td>2. 保护接地与保护接零</td></tr>
<tr><td>3. 绝缘检测</td></tr>
<tr><td>4. 按钮开关、断路器结构</td><td rowspan="2">2</td></tr>
<tr><td>5. 交流接触器与热继电器结构</td></tr>
<tr><td rowspan="5">项目二
三相异步电动机的基本控制电路接法</td><td rowspan="5">要求必须掌握:
1. 三相异步电动机主电路画法及接线;
2. 进行点动与自锁控制电路安装;
3. 顺序控制电路安装;
4. 基本正反转控制电路安装的学习</td><td rowspan="5">1. 主电路接线的基本要素;
2. 点动、自锁控制电路的接线;
3. 顺序控制电路安装;
4. 基本正反转控制电路安装的学习</td><td rowspan="5">使学生了解维修电工操作流程并具备正确识读电气原理图的能力,能够正确安装电路图</td><td>1. 主电路接线规则与工艺接线要求</td><td rowspan="5">1. 画出点动式控制电路原理图;
2. 画出自锁式控制电路原理图;
3. 画出两台电动机顺序起动控制电路原理图;
4. 画出基本正反转控制电路原理图
(以上原理图均要画出主电路图)</td><td rowspan="2">2</td></tr>
<tr><td>2. 点动式接线与控制方式</td></tr>
<tr><td>3. 自锁控制电路的接线与安装</td><td>2</td></tr>
<tr><td>4. 两台以上电动机顺序控制电路接线与安装</td><td>2</td></tr>
<tr><td>5. 基本正反转控制电路接线与安装</td><td>2</td></tr>
<tr><td rowspan="5">项目三
三相异步电动机正反转电路</td><td rowspan="5">1. 基本正反转控制电路;
2. 交流接触器互锁式正反转控制电路;
3. 按钮开关与交流接触器双重联锁正反转控制电路;
4. 行程控制正反转控制电路</td><td rowspan="5">1. 两个交流接触器正反转主电路接线方法与基本要求;
2. 两个交流接触器线圈在控制电路中并联接法;
3. 行程开关在正反转电路中的作用分析;
4. 4 种正反转控制电路的特点比较</td><td rowspan="5">使学生了解维修电工操作流程并具备正确识读电气原理图的能力,能够正确安装电路图,进行检测过程的操作</td><td>1. 三相异步电动机主电路正反转工艺接线</td><td rowspan="5">1. 画出基本正反转控制电路原理图;
2. 画出互锁式控制电路原理图;
3. 画出双重联锁控制电路原理图;
4. 画出行程控制电路原理图
(以上原理图均要画出正反转主电路)</td><td rowspan="2">2</td></tr>
<tr><td>2. 基本正反转控制电路接线操作</td></tr>
<tr><td>3. 互锁式正反转控制电路接线操作</td><td>2</td></tr>
<tr><td>4. 双重联锁正反转控制电路接线操作</td><td>4</td></tr>
<tr><td>5. 行程控制正反转控制电路接线操作</td><td>4</td></tr>
</table>

续上表

<table>
<tr><th rowspan="2">学习项目</th><th rowspan="2">技能要求</th><th rowspan="2">知识要求</th><th rowspan="2">素质要求</th><th colspan="3">内容安排</th></tr>
<tr><th>授课内容</th><th>教学设计</th><th>参考学时</th></tr>
<tr><td rowspan="4">项目四
三相异步电动机降压起动电路</td><td rowspan="4">1. 自耦变压器降压起动电路；
2. 定子绕组串电阻降压起动电路；
3. 星形转三角降压起动电路；
4. 双速电机降压起动电路</td><td rowspan="4">1. 用三相自耦变压器降压起动电路接线方法；
2. 定子绕组串电阻降压起动接线方法；
3. Y—Δ 降压起动控制电路接线方法；
4. 双速电机(高低速)降压起动电路</td><td rowspan="4">使学生了解维修电工操作流程；并具备正确识读电气原理图的能力，并能够正确安装电路图，进行检测过程的操作和故障排除</td><td>1. 熟悉三相自耦变压器降压起动过程与电路图</td><td rowspan="4">1. 画出三相自耦变压器降压起动电路原理图；
2. 画出定子绕组串电阻降压起动电路原理图；
3. 画出 Y—Δ 降压起动控制电路原理图；
4. 画出双速电机(高低速)降压起动电路原理图
(以上均要画出主电路与控制电路)</td><td rowspan="2">4</td></tr>
<tr><td>2. 熟悉三相定子绕组串电阻降压起动过程与电路图</td></tr>
<tr><td>3. 掌握 Y—Δ 降压起动控制电路的完整工艺接线与操作</td><td>6</td></tr>
<tr><td>4. 了解双速电机(高低速)降压起动电路的起动过程和电路图</td><td>4</td></tr>
<tr><td>项目五
机床电路考核项目训练</td><td>1. CA6140、C650 车床电气控制线路的故障检修与排故方法；
2. Z3050 摇臂钻床电气控制线路的故障检修与排故；
3. T68 镗床电气控制线路故障检修与排故方法；
4. X62W 卧式铣床电气控制线路的故障检修与排故方法</td><td>1. 使学生熟悉看整机电路图的方法；
2. 掌握各类机床常规检修的基本方法</td><td>使学生了解工厂机床电气控制的一般规律；具备正确识读电气原理图的能力，并能够正确安装电路图，进行检测过程的操作</td><td>1. 熟悉工业机械电气设备维修的一般要求，掌握工业机械电气设备维修的一般方法及注意事项；
2. 熟悉 CA6140、C650 车床电气控制线路构成，掌握 CA6140、C650 车床电气控制线路的分析方法及其安装、调试与维修；
3. 熟悉 Z3050 摇臂钻床、T68 立式镗床、M7120 万能磨床和 X62W 铣床电气控制线路的分析方法及其安装、调试与维修</td><td>1. 绘制 CA6140A 普通车床电气原理图；
2. 绘制 Z3050 摇臂钻床电气原理图；
3. 绘制 X62W 万能铣床电气原理图；
4. 注明并阅读每台机床电气控制电路中的触点标识符号的意义</td><td>14</td></tr>
<tr><td colspan="6">合计</td><td>52</td></tr>
</table>

(二)实训教学基本要求

(1)教材选取的原则：选用自编教材。

(2)推荐教材：《维修电工生产实习》、《电力拖动控制线路与技能训练》。

(3)参考的教学资料：维修电工手册；电力拖动控制线路与技能训练、安全用电。

(三)教师要求

具有一定的专业素质及专业技术水平,高级工以上资格,从事维修电工相关知识专业教龄5年以上,有一定的一体化教学经验的双师型教师。

六、其他说明

(一)实训场地要求(见表7-2)

实训场地要求 表7-2

序号	设备名称	单位	最低配置	备注
1	电力拖动实验台	台	4人一工位	工具自备
2	模拟实训板	个	人手一套	
3	实验用三相异步电动机	台	2	
4	万用表、摇表、导线等	—	—	实验室配备

(二)考核方式与标准(见表7-3)

考核方式与标准 表7-3

项目	考核方式	标准	备注
笔试	闭卷(占总分40%)	职业技能鉴定标准	理论卷
检测	实测(占总分10%)	职业技能鉴定标准	现场检测
接线操作	电气控制线路接线(占总分50%)	职业技能鉴定标准	要求通电试车一次成功

注:维修电工取证实训主要以接线操作和设备检测为主。

课程 25　乌鲁木齐综合交通调查

课程名称:乌鲁木齐综合交通调查
课程性质:综合实践平台课程
建议学时:26 学时(实践)
适用专业:电气化铁道技术

课程目标:使学生了解新疆综合交通行业发展状况及乌鲁木齐周边相关企业的分布
授课方式:网络调查、企业调研、撰写报告
课程成果:调研报告
课程实施进程表:(表 7-4)

课程实施进程表　　表 7-4

班级	×××		
指导教师	×××		
阶段	内容	时间	课时
第一阶段	布置调研任务		4
	讲解实施要求,进行项目分组		2
第二阶段	材料审查		4
	调研大纲		2
第三阶段	实施调研		6
	调研报告修订		4
	小组汇报		4
合计			26

乌鲁木齐综合交通调研报告

学生姓名：________________

学　　号：________________

专　　业：________________

年　　级：________________

三号黑体字

机电工程学院

乌鲁木齐综合交通调研报告

前　　言

一、城市公共交通概述

1.1　定义

1.2　公共交通方式概述

图和表需要加以标注,五号,宋体,加黑,表格内为五号字体,根据美观排版图片为嵌入,无文字环绕

……

二、乌鲁木齐城市公共交通概况

2.1　路网

2.2　公共汽车

2.3　城市快速交通

2.4　地铁

2.5　磁悬浮

……

三、国内外典型公共交通(案例)

3.1　国外案例

3.2　国内案例

四、总结

说明:1. 标题格式:小二号黑体字,居中,段前段后0.5行。

2. 调研报告内容字体为小四号宋体,字间距设置为标准字间距,行间距设置为1.25倍行距。

3. 须用A4(210×297mm)标准、一律采用单面打印;调研报告页边距按以下标准设置:上边距(天头)为:25 mm;下边距(地脚)25mm;左边距和右边距为:20mm;页眉:16mm;页脚:15mm。

致　谢

参考文献

……

[12] 高稚允,高岳. 光电检测技术[M]. 北京:国防工业出版社,1995.

[13] 金篆芷,王明时. 现代传感技术[M]. 北京:电子工业出版社,1995.

[14] 罗志增 .简易红外接近觉传感器 [C].全国青年第三届机器人学研讨会论文集,1990.

[15] Brian W. Kernighan & Dennis M. Ritchie . The C Programming Language (The second Edition). Prentice-Hall , 1988.

……

说明:1. 参考文献需要5个以上。

2. 宋体,五号字,必须严格按照该格式。如果是参考网络文章,必须在作者和文章名后标明网站名称,网址和访问日期。

附录1　调研报告照片

课程 26　CAD 综合实训

课程名称:CAD 综合实训
课程性质:综合实践平台课程
建议学时:26 学时
适用专业:电气化铁道技术

一、前言

本课程是电气化铁道技术及机电一体化专业的一门职业技能课程。该课程讲解轴类零件、盘类零件、叉架类零件以及箱体类用法与技巧,平面图形绘制,识读和绘制各种图样及零件图,识读和绘制装配图。重点培养学生在“AutoCAD 机械工程绘图”课程的基础上熟练运用 AutoCAD 软件绘制机械图,培养学生熟练掌握各类典型零件图的绘图技巧。

学习该软件,一方面可以使学生加强机械方面的专业知识。与传统的手工绘图对比,提高绘图效率,加强三维空间的想象力,通过演示、练习、设计等环节,最大限度发挥学生的创造能力。另一方面,AutoCAD 课程实践性很强,通过布置一定课外任务,让学生将计算机用途从“上网”到“学习型”转化,同时也克服了课时少的特点,有利于激发学习热情。

二、实训目标

(一)知识目标

(1)阅读分析零件图;AutoCAD 绘制零件各个视角的二维及三维图形;绘制出符合行业规范的图纸并能在打印机或绘图仪出图;使用不同材料对零件进行渲染与材质表达。

(2)掌握基本线、圆弧等操作,学会文字与表格、尺寸标注、图块使用,能进行零件图绘制、装配图绘制、图形输出等。

(二)能力目标

(1)具有 AutoCAD 软件熟练绘图的能力。

(2)能利用软件绘制轴测图。

(3)能绘制三维立体图。

(4)能熟练绘制不同类别的零件图。

(5)能打印输出图形。

(三)素养目标

(1)具有自我学习能力。

(2)具有合理制订工作计划的能力。

(3)具备查阅资料、文献获取信息的能力。

(4)通过学习本课程,达到培养学生独立分析问题、解决问题的能力;拥有实事求是的学风和创新精神；具有良好的协作精神。

三、项目设计理念

以校企合作，工学结合为平台，以案例教学为途径，倾力打造 CAD 制图人员的课程。主要思路是：加强实践案例教学，充分利用校内计算机实训室，加大实践课时，进行教师现场辅导，师生互动交流；利用“工学结合，校企合作”机遇，积极进行顶岗实习，参与项目工程合作，培养实际动手、动脑能力；明确培养目标，加强上机训练、为就业拓宽路子。依照高职教育为生产、建设、服务和管理第一线培养高素质技能型、应用型人才的目标和行业、企业岗位对工程图样绘制的能力要求，本课程的设计理念和改革思路紧紧围绕知识的应用和技能的培养，同时将职业素质培养贯穿始终。在教学实践中，我们按照“教、学、做”合一的教学模式进行课程设计和改革，按照职业岗位工作任务精选教学内容，以案例、任务、项目教学为主，采用案例讲授、学生练习、教师指导、答疑解惑、信息反馈、同类练习、强化提高、及时讲评、考核评价的顺序让学生在做中学、在学中做，真正做到“教、学、做”合一。

四、核心技能描述

本课程在课程体系中的作用是：使学生在 AutoCAD 机械工程绘图基础上以 AutoCAD 为平台，提高绘图能力。借助 AutoCAD 绘图软件，使学生的综合图形表达能力和设计能力得到进一步提高，学生需具备各种零件（轴类、套类、盘类、箱体类、其他复合类）图纸的读图和绘制能力、轴测图和装配图的绘制能力，掌握必要的基础理论知识，快速的识图和绘制中等复杂程度的零件图和装配图；在课堂教学中，以案例为主线将多个知识点串接起来，采用教师讲授一段、学生上机练习一段的形式交替进行，真正做到“教学做合一”，以提高教学效率和质量。达到熟练绘制和编辑平面图形、三视图、正等轴测图的能力；使用 AutoCAD 准确进行文字处理和按国家标准要求进行尺寸标注样式设置、标注、编辑的能力；熟练的图层设置和控制能力；熟练的图块操作能力和对 AutoCAD 设计中心的运用能力；熟练的图形输出能力等技能水平。

五、实训内容与要求（见表 7-5）

CAD 综合实训课程内容与要求 表 7-5

学习项目	技能要求	知识要求	素质要求	内容安排		
				授课内容	教学设计	参考学时
项目一 CAD 软件的基本绘图命令	1. 认识与介绍 CAD 绘图软件的界面及操作规律； 2. 掌握分析绘制工程图的基本流程，形成良好的作图习惯； 3. 掌握 CAD 二维基础绘图与修改命令，能够绘制二维图形	1. 应用 CAD 二维基础绘图与修改命令完成平面图形的能力； 2. CAD 二维精准快速绘图的能力； 3. CAD 中进行图层、尺寸标注样式、文字样式设置与应用的能力	1. 激发学生 CAD 绘图能力的培养； 2. 提高团队协作意识； 3. 达到培养学生独立分析问题，解决问题的能力； 4. 拥有实事求是的学风和创新精神	1. CAD 绘图软件的操作界面； 2. CAD 二维绘图基础； 3. CAD 二维基础绘图与修改命令； 4. CAD 二维精准绘图与快速修改的方法； 5. CAD 绘图软件的界面与输入设备功能	1. 班级分组； 2. 实训说明； 3. 发放任务； 4. 分析平面图； 5. 启动计算机； 6. 演示与操作； 7. 电子图样； 8. 实训心得交流； 9. 实训总结	6

续上表

学习项目	技能要求	知识要求	素质要求	内容安排		
				授课内容	教学设计	参考学时
项目二 轴套类零件的 CAD 图形绘制方法	1. 会用图样表达典型轴套类零件,能正确标注尺寸; 2. 会用计算机绘制典型零件图及标注尺寸和技术要求	1. 掌握典型轴套类零件的尺寸分析及标注; 2. 理解典型轴套类零件的工艺结构、技术要求	1. 激发学生 CAD 绘图能力的培养; 2. 达到培养学生独立分析问题解决问题的能力	1. 输入轴的画法; 2. 典型零件的尺寸分析及标注; 3. 标题栏的画法	1. 班级分组; 2. 实训说明; 3. 发放任务; 4. 分析平面图; 5. 启动计算机; 6. 演示与操作; 7. 电子图样; 8. 实训心得交流; 9. 实训总结	8
项目三 叉架类零件的 CAD 图形绘制技巧	1. 会识图,能正确理解三视图之间的对应关系; 2. 掌握局部剖视图的画法以及与其他视图间的尺寸关系	在读懂零件图纸的基础上掌握叉架类零件的画法技巧	1. 达到培养学生独立分析问题解决问题的能力; 2. 拥有实事求是的学风和创新精神	1. 叉架类零件的画法; 2. 主、俯、左视图为主的基本视图及局部视图、剖视图以及断面图的画法及标注; 3. 尺寸标注及技术要求	1. 班级分组; 2. 实训说明; 3. 发放任务; 4. 分析平面图; 5. 启动计算机; 6. 演示与操作; 7. 电子图样; 8. 实训心得交流; 9. 实训总结	6
项目四 箱体类零件的 CAD 图形绘制技巧	1. 能绘制剖视图及各类箱体零件; 2. 掌握 CAD 二维精准绘图和快速修改的方法	1. 在读懂零件图纸的基础上掌握箱体类零件的画法技巧; 2. 掌握文字输入、尺寸标注方法等相关知识	1. 达到培养学生独立分析问题解决问题的能力; 2. 拥有实事求是的学风和创新精神	1. 箱体类零件的画法; 2. 文字输入及尺寸标注方法; 3. 装配图的尺寸及技术要求	1. 班级分组; 2. 实训说明; 3. 发放任务; 4. 分析平面图; 5. 启动计算机; 6. 演示与操作; 7. 电子图样; 8. 实训心得交流; 9. 实训总结	6
合计						26

六、考核标准与方式

采用过程性考核标准。注重平时成绩的考核,平时成绩包括上机实践训练成绩、作业成绩、考勤等,见表 7-6。

课 程 考 核 方 式 表 7-6

考核项目		考 核 内 容	比例
过程考核	职业能力	每个任务的完成情况及速度,包括软件的熟练程度、图形绘制的准确率	70%
	职业素养	合作学习的能力,以及利用所学知识解决实际问题的能力	30%
合计			100%

七、其他说明

本课程实践性较强,宜精讲、多练,从中加强绘图能力训练。课程的作业分配量可以根据实际情况酌情增减。

课程 27　自动化生产流水线组装与调试

课程名称：自动化生产流水线组装与调试
课程性质：综合实践平台课程
建议学时：26 学时
适用专业：电气化铁道技术

一、前言

（一）课程定位

自动化生产流水线组装与调试是电气化铁道技术专业和电气自动化专业的一门综合实践平台课程。本课程以专业技术综合应用能力培养为目标，以关键能力的培养贯穿教学的全过程，以实际应用为重点，培养学生熟悉工业控制系统的基本概念，熟练掌握利用工控计算机或者触摸屏组态现场人机界面监控技术，实时监控生产现场的运行状态、查询数据和曲线、打印各种需求的报表，以及具有将可编程技术、工控组态与触摸屏技术、变频器技术、工业检测技术、驱动技术、现场总线技术的集成应用能力和现场维护能力。

（二）教学设计思路

自动化生产流水线组装与调试以实际应用为重点，为体现其专业和课程特点，本课程以实践应用教学为主，采用“项目教学法”，以工作组为单位，分项目实施教学，按照“以能力为本位，以职业实践为主线，以具体的生产线设备为载体，以完整的工作过程为行动体系”的总体设计要求，以培养生产线设备维修维护的应用技能和相关职业岗位能力为基本目标，紧紧围绕工作任务完成的需要来选择和组织课程内容，突出工作任务与知识的紧密性，通过师生共同参与，共同努力，达成教学目标。

二、课程目标

具有初步的实践动手能力，会简单的气路、电路识图及布线；能正确分析自动生产线设备的工作原理、工作过程；掌握自动线的安装和调试技能；学会自动线运行过程的监控、故障检测和排除技能；具备机电设备维护和管理能力。

（一）知识目标

（1）能根据任务进行正确的分析，能进行控制部分和气动部分的设计和工作过程的分析。

(2)熟悉自动线的构成,掌握各环节的设备安装,即供料、加工、装配、分拣、输送部分器件装配工作。

(3)掌握自动线各气路连接的组成、工作原理、特点及应用,能根据生产线工作任务对气动元件的动作要求和控制要求连接气路。

(4)掌握电路设计方法,能根据控制要求,设计各单元的电气控制电路,根据所设计的电路图连接电路,能根据该生产线的网络控制要求,连接通信网络。

(5)熟悉 PLC 程序编制和程序调试,能编写 PLC 的控制程序,并调试机械部件、气动元件、检测元件的位置和编写 PLC 控制程序,满足设备的生产和控制要求。

(二)能力目标

(1)具有初步的实践动手能力,会简单的气路、电路识图及布线能力。

(2)具有一定的供料机构的分析和装配的初步能力。

(3)具有一定的加工机构的分析和装配的初步能力。

(4)具有一定的分拣机构的分析和装配的初步能力。

(5)具有一定的输送机构的分析和装配的初步能力。

(6)掌握自动线的安装与调试。

(三)素质目标

(1)重视实践、善于与工人相结合,注重在劳动观点、理论联系实际等工程技术人员应具备的基本素质方面的培养和锻炼。

(2)注重生产意识、质量意识、环保意识和经济意识的培养。

(3)爱护国家财产,遵守劳动纪律及操作规范。

三、课程内容与要求

课程内容构建应符合学生认知和操作的规律,体现课程的特色,为专业服务和职业岗位能力的培养服务。

课程内容设计符合高技能人才培养目标和专业相关技术领域职业岗位(群)的任职要求,学习完本课程应达到初步具备接触网、牵引变电所安全作业的能力要求。具体教学内容设计见表 7-7。

自动化生产流水线组装与调试课程内容与要求 表 7-7

序号	工作项目	能力要求	模块	任务	活动设计	参考学时
1	项目一 供料单元	**知识:** 1. 自动生产线的功能; 2. 生产的工艺流程; 3. 自动生产线的组成; 4. 操控方式; 5. 电气识图、机械识图、PLC 简单应用	1. 机械安装模块	对供料单元的机械结构进行安装	1. 安装识图; 2. 零件认识; 3. 安装调试	2
			2. 电器元件的拆装模块	对供料单元中的低压电器进行安装	1. 电路识图; 2. 低压电器认识; 3. 安装接线	2

续上表

序号	工作项目	能力要求	模块	任务	活动设计	参考学时
1	项目一 供料单元	**技能：** 1. 能够判别典型机械结构和操控方式； 2. 能够进行简单的生产线操控； 3. 能熟练的拆装典型的低压电器控制电路； 4. 能独立完成机械机构的拆装调试； 5. 能熟练完成传感器的安装调试； 6. 能快速按气路图纸进行气路的安装和调试； 7. 能够完成 PLC 与低压电器控制电路的连接及调试； 8. 能完成机械、气动、传感器及 PLC 的综合调试	3. 传感器安装的调试模块	对传感器的安装后调试	1. 传感器及选取； 2. 传感器认识； 3 传感器的安装调试	1
			4. 气动元件的安装及调试模块	按照气路图安装气动装置	1. 气路图的识图； 2. 气动元件的认识； 3. 气动装置的组装； 4. 气动装置的调试	2
			5. PLC 程序下载与单机运行调试模块	PLC 与电气、气动装置的控制配合与调试	1. PLC 程序下载、连接调试； 2. PLC 和电气系统的组态； 3. PLC 控制电气系统、气动系统、机械系统、传感器系统综合调试	2
2	项目二 装配单元、分拣单元、输送单元	**知识：** 1. 自动生产线的功能； 2. 生产的工艺流程； 3. 自动生产线的组成； 4. 操控方式； 5. 电气识图、机械识图、PLC 简单应用 **技能：** 1. 能够判别典型机械结构和操控方式； 2. 能够进行简单的生产线操控； 3. 能熟练的拆装典型的低压电器控制电路； 4. 能独立完成机械机构的拆装调试； 5. 能熟练完成传感器的安装调试； 6. 能快速按气路图纸进行气路的安装和调试； 7. 能够完成 PLC 与低压电器控制电路的连接及调试； 8. 能完成机械、气动、传感器及 PLC 的综合调试	1. 机械安装模块	对供料单元的机械结构进行安装	1. 安装识图； 2. 零件认识； 3. 安装调试	2
			2. 电器元件的拆装模块	对供料单元中的低压电器进行安装	1. 电路识图； 2. 低压电器认识； 3. 安装接线	2
			3. 传感器安装及调试模块	对传感器的安装合调试	1. 传感器的选取； 2. 传感器认识； 3. 传感器的安装调试	2
			4. 气动元件的安装及调试模块	按照气路图安装气动装置	1. 气路图的识图； 2. 气动元件的认识； 3. 气动装置的组装； 4 气动装置的调试	2
			5. PLC 的程序下载与单机运行调试模块	PLC 与电气、气动装置的控制配合与调试	1. PLC 程序下载、连接调试； 2. PLC 和电气系统的组态； 3. PLC 控制电气系统、气动系统； 4. 机械系统、传感器系统综合调试	4
3	项目三 整机联动	**知识：** 1. 电源的供给、分配及连接方法； 2. 电气识图、机械识图、PLC 简单应用； 3. PLC 串行接口的连接通信调试方法； 4. 脉冲量的测定和调试的测定方法 **技能：** 1. 能够快速正确地对生产线各个部分进行正确供电连接； 2. 能够准确地测定脉冲量并进行正确的调试； 3. 能快速实现 PLC 各串行口之间的通信连接； 4. 能正确快速地进行通信调试	1. 电源的供给及分配连接	各单元的分配供电	对生产线各个部分进行正确供电连接	1
			2. 脉冲量的测定及调试	脉冲量的调试	测定脉冲量并进行正确的调试	2
			3. PLC 的通信	PLC 的连锁通信	1. 实现 PLC 各串行口之间的通信连接 2. 通信调试	2
合计						26

四、实施建议

（一）教材选用和编写建议

1. 教材选用

本课程教学内容采用项目化结构，授课教师应根据教学要求，合理选用相应教材，并对教材做适当的选用和处理。

2. 教材编写原则与要求

教材的编写要体现课程的性质、价值、基本理念、课程目标以及内容标准。

教材内容的编排和呈现突出知识的形成与应用过程；引导学生从已有的知识和经验出发，进行自主探索与合作交流，并在学习过程中逐步学会学习；关注对学生人文精神的培养。教材的编写还有利于调动教师的主动性和积极性，鼓励教师进行创造性教学。

教材编写体现出职业技术教育特色，并具有一定的弹性。教材编写时，充分考虑与其他课程资源的开发和利用相结合。

3. 教学参考资料使用建议

自动化生产流水线组装与调试相关教学参考资料较多，在学习过程中从中选取需要的章节内容进行参考，可以在图书馆查阅电工基础或电工技术相关书籍，或者可以直接利用网络资源进行搜索查询，以满足对理论知识掌握的需要。

（二）教学建议

在教学活动中要从学生实际出发，创设有助于学生自主学习的问题情境，引导学生通过实践、思考、探索、交流，获得知识，形成技能，发展思维，学会学习，促进学生在教师指导下主动地、富有个性地学习。

在教学活动中，教师应发扬让学生为主体，使学生成为学习专业知识的组织者、引导者、合作者；要善于激发学生的学习潜能，鼓励学生大胆创新与实践，要创造性地使用教材，积极开发利用各种教学资源，为学生提供丰富多彩的学习素材；注意电工技术的新发展，适时引进新的教学内容。按照学生学习的规律和特点，以学生为主体，充分调动学生学习的主动性、积极性。

在教学活动中要积极改进教学方法，课堂教学应多采用模型、实物，重视现代教育技术在教学中的应用，理论联系实际，启迪学生的科学思维。实践教学中验证性实验与技能训练相结合，以实际操作为主，着重学生技术应用能力的形成与发展。

教学活动可根据内容特点在专业教室或实训基地进行。

（三）教学考核评价建议

按照“加强基础、培养能力、提高素质、突出创新”的思路，改革考核的内容、形式和评价体系。综合运用实际操作、小组配合、问题检索相结合的考核形式。

多位一体的综合评定方式，将过程性评价和终结性评价相结合、知识性评价和技能性评价相结合，具体考核评价方法是，以小组为单位，结合个人在小组中的表现，采用过程考核的方式进行评价，如表 7-8 所示。

考核评价表 表 7-8

考核内容	考核对象	分值(分)
考勤	个人	10
小组管理	班组	10
小组操作(过程性考核)	理论解答 10 分(自学检索能力)	30
	班组配合 10 分	
	操作熟练 10 分	
作业	个人	10
期末抽考(实操+口试)	个人	40
合计		100

(四)课程资源的开发与利用

我院现在共有 1 个自动化生产线实验室、1 个汽车生产线模拟实验室、2 个电工电子实验室,天煌实验台 6 个,三向实验台 12 个;电气实验室 1 个,电力拖动设备 14 台,各种工具、仪表、元器件、实训电路板等若干,能够满足学生实验实训要求。

另外正在筹建大型电工电子实验室,已购设备有网孔电工实验台 30 台、中级电工考核实验台 20 台、高级电工技师考核实验台 15 台。另有 1 个虚拟仿真实验室和 1 个电工电子实验室已经验收,即可投入使用。

学院有充足的网络教学资源,图书馆、办公室、计算机网络中心、汽车与机电学院的网络虚拟实验室均接通了互联网,教师和学生可以利用网络资源进行教学互动。

学院图书馆的各种图书资料齐全,如中国数字图书馆、中国期刊网、维普数据库等,为学生主动学习提供了极为丰富的扩充性资料,并有效地促进了学生主动学习的效果。

课程 28　电机与变压器综合实训

课程名称：电机与变压器综合实训
课程性质：综合实践平台课程
建议学时：26 学时
适用专业：电气化铁道技术

一、前言

本课程是电气化铁道技术专业的一门职业技能课程。它的任务是：使学生获得电动机及其应用的基本知识，掌握电动机与变压器基本原理、分析方法；使学生具有举一反三的能力，提高其实践操作能力；让学生能将所学的专业理论运用到生产实际中去，熟悉常用电动机绕制、拆卸、仪器仪表的使用，电机与变压器一般常见故障的检查和排除方法，培养安全生产、文明生产的意识和良好的职业道德；为提高学生全面素质，学习新的电气控制技术打下较好的基础。

二、实训目标

(一)知识目标

(1)掌握变压器的结构工作原理。
(2)变压器的连接与运行。
(3)掌握常用变压器、直流电动机的结构、工作原理、主要特性和适用维护的知识。
(4)培养学生对电机、变压器进行一般检测和一般故障分析的能力。

(二)能力目标

(1)具备查阅产品样本与手册，合理选择电动机的能力。
(2)能够对照绕组展开图熟练进行端部接线，掌握电机的拆装工艺。
(3)具有常用电动机故障分析的能力。

(三)素养目标

(1)培养主动学习、自我发展以及团队协作的能力。
(2)具备综合分析、解决实际问题的能力。
(3)开拓创新的能力。

三、项目设计理念

本课程分为变压器的分类、结构和原理、变压器绕组的极性测定与连接、变压器并联运行、维护和检修、特殊用途的变压器、电动机的基础知识、三相异步电动机的运行、单相异步电动机、直流电动机、三相同步电机和特种电机 10 部分。本课程重点是培养学生获得电动机及其应用的基本知识，难点是电机与变压器一般常见故障的检查和排除方法，培养安全生产、文明生产的意识和良好的职业道德。在教学实践中，以理论教学法为主，在教学中要多开展师生互动的教学活动。在加强基础训练的同时，采用启发式、讨论式、发现式的教学方法，充分调动学生积极性，激发学生学习兴趣，最大限度地让学生掌握所学知识。教学方法是教师和学生为了实现共同教学目标，完成共同教学任务，在教学过程中运用的策略、方式与手段。根据所教班级学生特点和课题的重难点，选择相应的教学方法。

四、核心技能描述

本课程的实践内容主要是对电动机常见故障的处理，培养安全生产、文明生产的意识和良好的职业道德，为提高学生全面素质，学习新的电气控制技术打下较好的基础。

五、实训内容与要求（见表 7-9）

实训内容与要求　　表 7-9

理论教学提要		学时	知识目标
项目一 常用低压电器	1. 低压熔断器；	2	了解低压电器的结构，理解工作原理，熟练掌握选用图形符号和文字符号
	2. 低压开关	2	
	3. 主令电器（控制接触器的线圈）	2	
	4. 继电器	2	
项目二 电动机的基本 控制线路	1. 三相异步电动机的正转控制线路	4	掌握基本控制线路，做到熟练默画出基本控制线路并能分析控制电路的工作原理
	2. 三相异步电动机的正反转控制线路	2	
	3. 位置控制与自动往返控制线路	2	
	4. 多速异步电动机的控制线路	2	
项目三 变压器绕组的 极性测定与连接	1. 单相变压器绕组的极性	2	变压器的分类、结构和原理，变压器绕组的极性测定与连接，变压器的并联运行、维护和检修
	2. 三相变压器绕组的连接及连接组别	2	
	3. 用交流法测定三相变压器绕组极性	2	
	4. 电力变压器的铭牌参数	2	

六、考核标准与方式

采用过程性考核标准，注重平时成绩的考核，平时成绩包括项目训练成绩、作业成绩、考勤等，见表 7-10。

课程考核方式　　表 7-10

考核项目		考核内容	比例
过程考核	职业能力	每个任务的完成情况及速度，包括软件的熟练程度、图形绘制的准确率	70%
	职业素养	合作学习的能力，以及利用所学知识解决实际问题的能力	30%
合计			100%

毕业论文格式规范说明

一、论文的结构与要求

毕业设计(论文)包括以下内容(按顺序):

封面、目录、标题、摘要、关键词、正文、注释、参考文献等。如果需要,可以在正文前加“引言”,在参考文献后加“后记”。论文一律要求打印,不得手写。

1. 目录

目录应独立成页,包括论文中全部章、节和主要级次的标题和所在页码。

2. 论文标题

论文标题应当简短、明确,有概括性。论文标题应能体现论文的核心内容、专业特点和学科范畴。论文标题不得超过 25 个汉字,不得设置副标题,不得使用标点符号,可以分两行书写。论文标题用词必须规范,不得使用缩略语或外文缩写词(通用缩写除外,如 WTO 等)。

3. 摘要

摘要应扼要叙述论文的主要内容、特点,文字精练,是一篇具有独立性和完整性的短文,包括主要成果和结论性意见。摘要中不应使用公式、图表,不标注引用文献编号,并应避免将摘要撰写成目录式的内容介绍。摘要一般为 200 个汉字左右。

4. 关键词

关键词是供检索用的主题词条,应采用能够覆盖论文主要内容的通用专业术语(参照相应的专业术语标准),一般列举 3 ~ 5 个,按照词条的外延层次从大到小排列,并应出现在摘要中。

5. 正文

正文一般包括“绪论(引论)”、“本论”和“结论”等部分。正文字数一般在 3000 ~ 5000 字。

绪论(引论)一般作为专业技术类论文的第一章,应综述前人在本领域的工作成果,说明毕业设计(论文)选题的目的、背景和意义,国内外文献资料情况以及所要研究的主要内容。绪论即全文的开始部分,不编写章节号。一般包括对写作目的、意义的说明,对所研究问题的认识并提出问题。

本论是全文的核心部分,应结构合理,层次清晰,重点突出,文字通顺简练。

结论是对主要成果的归纳,要突出创新点,以简练的文字对所做的主要工作进行评价。结论一般不超过 500 个汉字。

正文一级及以下子标题格式如下:

第 1 章

1.1

1.1.1

(1)

①

6. 参考文献

参考文献是论文的不可缺少的组成部分，是在写作过程中使用过的文章、著作名录。参考文献应以近期发表或出版的与本专业密切相关的学术著作和学术期刊文献为主。产品说明、技术标准、未公开出版或发表的研究论文等不列为参考文献，有确需说明的可以在后记中予以说明。

二、打印装订要求

论文必须使用标准 A4 打印纸打印，一律左侧装订，并至少印制 2 份。页面上、下边距各 2.5cm，左右边距各 2.2cm（论文所附的较大的图纸、数据表格及计算机程序段清单等除外），并按论文装订顺序要求如下：

1. 封面

封面使用毕业论文（设计）封面。

2. 目录

目录列至论文正文的三级及以上标题所在页码，内容打印格式要求与正文相同。目录页不设页码。

3. 摘要

摘要标题按照正文一级子标题要求处理，摘要不单独设置页码。

4. 关键词

关键词与摘要同处一页，位于摘要之后，另起一行并以“关键词”开头（四号黑体），后跟 3～5个关键词（四号楷体），用逗号分隔，其他要求同正文。

5. 正文

正文格式详见参考范本。

正文中的公式原则上居中。如公式前有文字（如：“解”、“假定”等），文字应与正文左侧对齐，公式仍居中，公式末尾不加标点。公式序号按章编排，如第二章的第三个公式序号为“(2-3)”，附录 2 中的第三个公式序号为“(②-3)”等；

正文中的插图应与文字紧密配合，文图相符，内容正确，绘制规范。插图按顺序编号，图号置于插图的正下方，图号使用标准五号宋体字，加粗；正文中的插表不加左右边线。插表按章编号并置于插表的左上方，插表序号使用标准五号宋体字，加粗。

6. 参考文献

按照《文后参考文献著录规则》规定的格式打印，内容打印要求与论文正文相同。格式如下：

(1)著作图书文献

序号 作者. 书名. 出版者. 出版年份及版次(第一版省略).

(2)译著图书文献

序号 作者. 书名. 出版者. 出版年份及版次(第一版省略).

(3)学术刊物文献

序号 作者. 文章名. 学术刊物名. 年,卷(期).

(4)学术会议文献

序号 作者. 文章名. 编者名. 会议名称,会议地址,年份. 出版地,出版者,出版年.

(5)学位论文类参考文献

序号 作者. 学位论文题目. 学校和学位论文级别. 答辩年份.

(6)西文文献

著录格式同中文,实词的首字母大写,其余小写。参考文献作者人数较多者只列前三名,中间用逗号分隔,多于三人的后面加“等”字(西文加“etc.”)。

学术会议若出版论文集者,在会议名称后加“论文集”字样;未出版论文集者省去“出版者”、“出版年”项;会议地址与出版地相同的省略“出版地”,会议年份与出版年相同的省略“出版年”。

新疆交通职业技术学院毕业生论文答辩评分标准

论文题目			得分
姓　　名			
论文（60%）	论点（10%）	论点正确、新颖	
	论据（20%）	论据充足、有科学性、有说服力	
	论证（20%）	条理清晰、过程严谨、语言流畅	
	文字格式（10%）	文字规整、字数符合要求、文章格式正确	
答辩（40%）	简述（10%）		
	问题1（10%）		
	问题2（10%）		
	问题3（10%）		
总分			

评分人：　　　　　　　　　　　　　　　　　　　　　　年　　　月　　　日

毕业论文开题报告

<table>
<tr><td>学生姓名</td><td></td><td>学号</td><td></td><td>专业班级</td><td></td></tr>
<tr><td>毕业论文题目</td><td colspan="5"></td></tr>
<tr><td colspan="6">一、选题意义、内容简介（字数不少于500字）</td></tr>
<tr><td colspan="6">二、文献综述（论文撰写过程参考资料及参考内容简述）</td></tr>
</table>

续上表

<table>
<tr><td>三、论文结构(大纲)(此页不够可另附页说明)</td></tr>
<tr><td>指导教师审定意见:

<table><tr><td></td><td>通过</td><td>修订</td><td>再次审核</td></tr><tr><td>结论</td><td></td><td></td><td></td></tr></table>
签字:
年　　月　　日</td></tr>
</table>

论文指导记录表

学生姓名：　　　　　　　　　　　　班级：　　　　　　　　指导教师姓名：

指导时间	指导方式	论文修改建议及意见	备注